Formeln und Daten
zur Physik

Neubearbeitung

von Hans-Jerg Dorn
und Tilo Fischer

Ernst Klett Verlag
Stuttgart · Leipzig

1. Auflage 1 11 10 9 8 7 | 2025 24 23 22 21

Autoren: Hans-Jerg Dorn, Dr. Tilo Fischer
Redaktion: Dr. Michael Wagner

Gestaltung: Gertrud Eilenstein
Umschlaggestaltung: normaldesign GbR, Maria und Jens-Peter Becker, Schwäbisch Gmünd
Satz: topset Computersatz Rudi Warttmann, Nürtingen
Illustrationen: Alfred Marzell, Schwäbisch Gmünd; topset Computersatz, Nürtingen; Annette Liese, Dortmund;
Reproduktion: Meyle + Müller, Medien-Management, Pforzheim
Druck: Mohn Media Mohndruck GmbH, Gütersloh

Printed in Germany
ISBN: 978-3-12-772601-5

9 783127 726015

Inhaltsverzeichnis

1. | Physikalische Formeln

2. | Mathematische Grundlagen

3. | Astronomie

4. | Tabellen

Anmerkung zu den Tabellenwerten Die Zahl der gültigen Dezimalstellen liegt oft weit über der für den Alltag nötigen. Zur Illustration des derzeit geltenden Standards sind jedoch mehr Dezimalen (Stand 2007) aufgeführt worden, um sowohl mit endlicher Stellenzahl definierte Werte vollständig anzugeben, als auch um die bei manchen Gesetzmäßigkeiten erforderliche Stellenzahl zu erreichen (z. B. beim Massendefekt).
Eine sinnvolle von der Aufgabenstellung abhängige Rundung der Angaben ist beabsichtigt.
Viele Stoffeigenschaften sind stark von der Reinheit bzw. der genauen Stoffzusammensetzung sowie von weiteren Parametern (Temperatur, Druck, etc.) abhängig. Moderne Messmethoden haben mit ihrer größeren Genauigkeit – nicht nur bei den Naturkonstanten – teilweise zu anderen Werten in den letzten Dezimalen geführt. In vielen Fällen sind in den Quellen (einschlägige Fachliteratur sowie Datenbanken im Internet) Herkunft, Alter und Genauigkeit der Daten nicht dokumentiert, sie weichen auch manchmal infolge von Übertragungs- oder Setzfehlern aufeinander sich beziehender Quellen voneinander ab. Die Werte in diesem Werk können deshalb bei den letzten Stellen von denen anderer Werke verschieden sein.

1.

Physikalische Formeln

→

Mechanik

Bewegungen

Geschwindigkeit $\vec{v}$	Durchschnittsgeschwindigkeit: $v = \frac{\Delta s}{\Delta t} = \frac{s_2 - s_1}{t_2 - t_1}$ $v = \text{konstant} = \frac{s}{t}$ Momentangeschwindigkeit: $v = \lim\limits_{\Delta t \to 0} \frac{\Delta s}{\Delta t} = \frac{ds}{dt} = \dot{s}$	s Weg t Zeit v Geschwindigkeit	m (Meter) s (Sekunde) $m \cdot s^{-1}$
Beschleunigung $\vec{a}$ *Geradlinige Bewegung* *Abbremsen* *Verzögerung durch Luftreibung*	Durchschnittsbeschleunigung: $a = \frac{\Delta v}{\Delta t} = \frac{v_2 - v_1}{t_2 - t_1}$ $a = \text{konstant} = \frac{v}{t}$ $s = \frac{1}{2} a \cdot t^2;$ $v = a \cdot t;$ $v = \sqrt{2a \cdot s}$ $s = \frac{1}{2} a \cdot t^2 + v_0 \cdot t + s_0;$ $v = a \cdot t + v_0$ $s_B = \frac{v_0^2}{\lvert 2a \rvert};$ $t_B = \frac{v_0}{\lvert a \rvert}$ Momentanbeschleunigung: $a = \lim\limits_{\Delta t \to 0} \frac{\Delta v}{\Delta t} = \frac{dv}{dt} = \dot{v}$ $a_L = c_W \cdot \varrho \cdot \frac{A}{2m} \cdot v^2$	a Beschleunigung ($a < 0$: Verzögerung) v Geschwindigkeit t Zeit s Weg s_0 Anfangsort v_0 Anfangsgeschwindigkeit s_B Bremsweg t_B Bremsdauer a_L Verzögerung durch Luftreibung c_W Luftwiderstandsbeiwert ϱ Dichte der Luft A Querschnittsfläche $\perp \vec{v}$ m Masse des Körpers	$m \cdot s^{-2}$ $m \cdot s^{-1}$ s m m $m \cdot s^{-1}$ m s $m \cdot s^{-2}$ Zahl $kg \cdot m^{-3}$ m^2 kg
Freier Fall *(ohne Luftreibung)*	aus der Ruhe: $s = \frac{1}{2} g \cdot t^2;$ $v = g \cdot t = \sqrt{2g \cdot s}$	g Fallbeschleunigung ($g = 9{,}81\,m \cdot s^{-2}$) s Fallweg (positiv in Richtung von g)	$m \cdot s^{-2}$ m
Senkrechter Wurf *(ohne Luftreibung)*	nach oben: $s = v_0 \cdot t - \frac{1}{2} g \cdot t^2$ $s_h = \frac{v_0^2}{2g};$ $t_S = \frac{v_0}{g}$ nach unten: $s = v_0 \cdot t + \frac{1}{2} g \cdot t^2$	s Weglänge v_0 Abwurfgeschwindigkeit (positiv nach oben) s_h Steighöhe t_S Steigzeit (≙ Fallzeit von s_h bis $s = 0$)	m $m \cdot s^{-1}$ m s
Horizontaler Wurf *(ohne Luftreibung)* **Schiefer Wurf** *(ohne Luftreibung)*	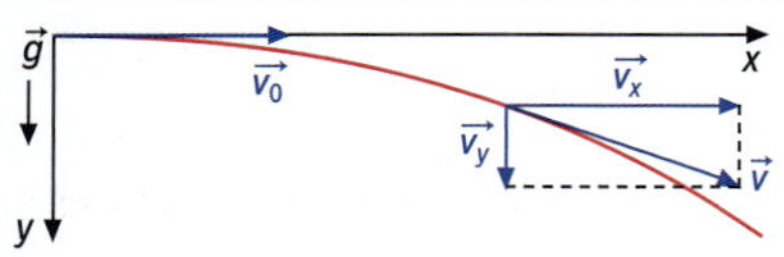 $v_x = v_0;$ $v_y = g \cdot t;$ $v = \sqrt{v_x^2 + v_y^2}$ $s_x = v_0 \cdot t;$ $s_y = \frac{1}{2} g \cdot t^2 = \frac{1}{2} \frac{g}{v_0^2} \cdot s_x^2$ 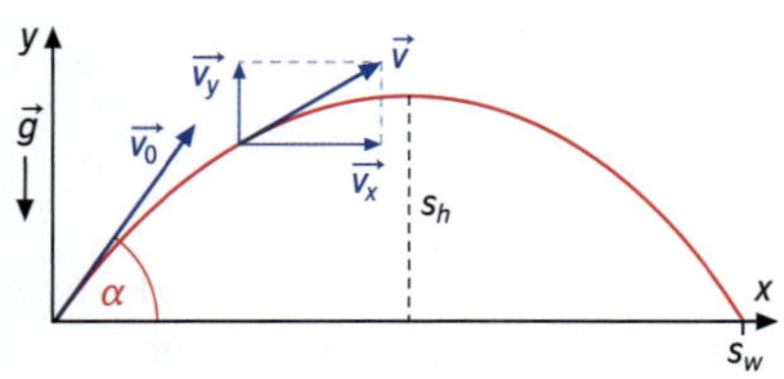 $v_x = v_0 \cdot \cos\alpha;$ $s_x = v_0 \cdot t \cdot \cos\alpha;$ $s_W = \frac{v_0^2 \cdot \sin 2\alpha}{g}$ $v_y = v_0 \cdot \sin\alpha - g \cdot t;$ $s_y = v_0 \cdot t \cdot \sin\alpha - \frac{1}{2} g \cdot t^2;$ $t_S = \frac{v_0 \cdot \sin\alpha}{g};$ $s_h = \frac{v_0^2 \cdot \sin^2\alpha}{2g}$	s_x Weg horizontal s_y Weg vertikal v_x Geschwindigkeit horizontal v_y Geschwindigkeit vertikal α Abwurfwinkel t_S Steigzeit s_h Steighöhe t_W Wurfdauer ($t_W = 2\,t_S$) s_W Wurfweite g Fallbeschleunigung (beim Wurf nach unten positiv gerechnet)	m m $m \cdot s^{-1}$ $m \cdot s^{-1}$ Zahl (Grad) s m s m $m \cdot s^{-2}$

Bewegungen

Kreisbewegung *360° (Gradmaß) ≙ 2π (Bogenmaß)*	$\Delta\varphi = \varphi_2 - \varphi_1 = \frac{b}{r}$; $\omega = \frac{\Delta\varphi}{\Delta t} = \frac{2\pi}{T}$ $T = \frac{1}{f} = \frac{t}{n}$ $v = \frac{2\pi \cdot r}{T} = \omega \cdot r$ $= 2 \cdot \pi \cdot f \cdot r$	φ Drehwinkel ω Winkelgeschwindigkeit b Bogenlänge (φ_1 nach φ_2) r Kreisradius t Zeitspanne T Umlaufdauer (für 2π) f Frequenz n Anzahl der Umläufe in der Zeit t v Bahngeschwindigkeit	Zahl (Grad) s^{-1} m m s s s^{-1} Zahl $m \cdot s^{-1}$
Zentralbeschleunigung *Radialbeschleunigung*	$a_Z = \frac{v^2}{r} = \omega^2 \cdot r$ $= \frac{4\pi^2 \cdot r}{T^2}$	a_Z Zentralbeschleunigung	$m \cdot s^{-2}$

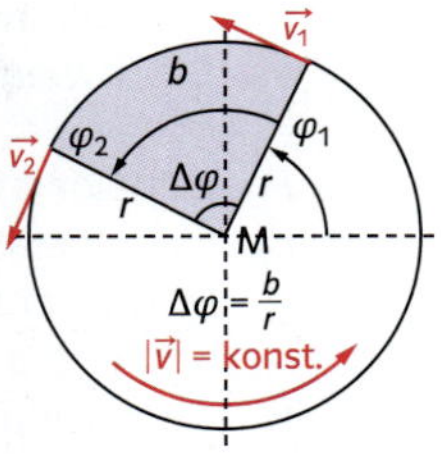

Impuls – Kraft

Impuls $\vec{p}$	Impuls (Bewegungsgröße): $p = m \cdot v$	p Impuls, Bewegungsgröße m Masse v Geschwindigkeit	$kg \cdot m \cdot s^{-1}$ kg $m \cdot s^{-1}$
Impulsänderung *Kraft*	für konstantes m: $F = \frac{\Delta p}{\Delta t} = \frac{\Delta(m \cdot v)}{\Delta t} = m \cdot \frac{\Delta v}{\Delta t} = m \cdot \dot{v} = m \cdot a$ für veränderliches m: $F = \frac{\Delta p}{\Delta t} = \frac{\Delta m}{\Delta t} \cdot v + m \cdot \frac{\Delta v}{\Delta t} = \dot{m} \cdot v + m \cdot \dot{v}$	Δp Impulsänderung im Zeitintervall Δt Δt Zeitintervall a Beschleunigung F Kraft	$kg \cdot m \cdot s^{-1}$ s $m \cdot s^{-2}$ $N = kg \cdot m \cdot s^{-2}$
Kraftstoß	$\Delta p = F_m \cdot \Delta t$	F_m mittlere Kraft im Intervall Δt	$N \cdot s$
Impulserhaltung	In einem abgeschlossenen System ist die Summe aller Impulse konstant: $\vec{p_1} + \vec{p_2} + \vec{p_3} + \ldots = \vec{p_1}' + \vec{p_2}' + \vec{p_3}' + \ldots$	$\vec{p_1}, \vec{p_2}, \vec{p_3}$ Impulse der Körper vorher $\vec{p_1}', \vec{p_2}', \vec{p_3}'$ Impulse der Körper nachher	$kg \cdot m \cdot s^{-1}$ $kg \cdot m \cdot s^{-1}$
Kraft $\vec{F}$	Grundgleichung der Mechanik: $F = \frac{\Delta p}{\Delta t} = \dot{p}$ bei konstanter Masse: $F = m \cdot a = m \cdot \frac{\Delta v}{\Delta t} = m \cdot \dot{v} = m \cdot \ddot{s}$ Gewichtskraft: $F_G = m \cdot g$	F Kraft auf Körper m Masse des Körpers a Beschleunigung des Körpers in Kraftrichtung F_G Gewichtskraft g Fallbeschleunigung (Ortsfaktor)	$N = kg \cdot m \cdot s^{-2}$ kg $m \cdot s^{-2}$ N $m \cdot s^{-2}$ ($N \cdot kg^{-1}$)
	Hangabtriebskraft: $F_H = F_G \cdot \sin\alpha$ $= F_G \cdot \frac{h}{l}$ $F_{St} = F_G \cdot \cos\alpha$	F_H Hangabtriebskraft F_{St} Stützkraft (Gegenkraft des Bodens zur Gewichtskraft ⊥ zur Auflagefläche) α Steigungswinkel	N N Zahl (Grad)
Spannkraft *Hooke'sches Gesetz* *elastische Verformung*	Federkraft: $F_S = -D \cdot s$ Zugkraft: $F = -F_S$	F_S Federkraft D Richtgröße, auch Federkonstante s Auslenkung (Verformung)	N $N \cdot m^{-1}$ m
	Reibungskraft F_R – beim Haften: $F_R = f_h \cdot F_{St}$ – beim Gleiten: $F_R = f_g \cdot F_{St}$ – beim Rollen: $F_R = \frac{f_r}{r} \cdot F_{St}$	F_R Reibungskraft f_h, f_g, f_r Reibungszahlen beim Haften, Gleiten, Rollen r Rollradius	N Zahlen m

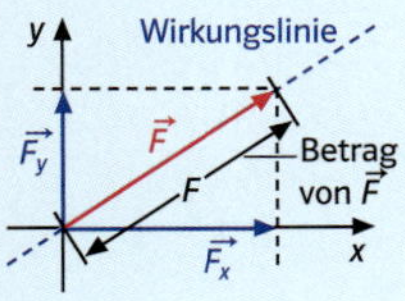

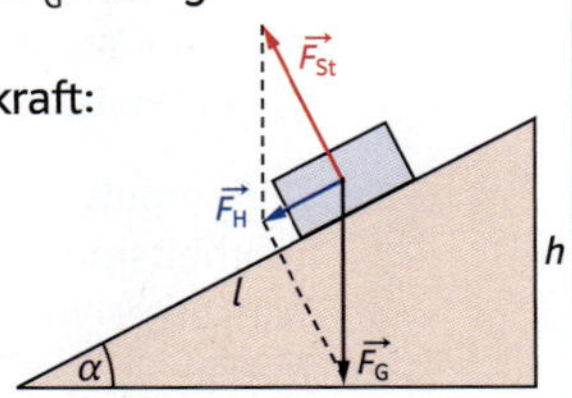

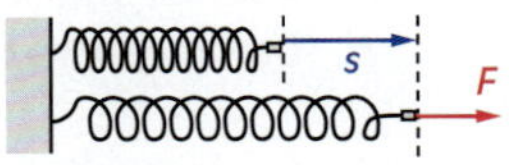

<table>
<tr>
<td>Gesetz von Stokes</td>
<td>$F_R = 6 \cdot \pi \cdot r \cdot \eta \cdot v$
(Reibungskraft auf eine Kugel in einer laminar strömenden Flüssigkeit)</td>
<td>F_R Reibungskraft im Medium
r Radius des Körperschnitts
η dynamische Viskosität
v Geschwindigkeit</td>
<td>N
m
Pa · s
$m \cdot s^{-1}$</td>
</tr>
<tr>
<td>Luftwiderstand</td>
<td>$F_R = \frac{1}{2} c_W \cdot A \cdot \varrho \cdot v^2$
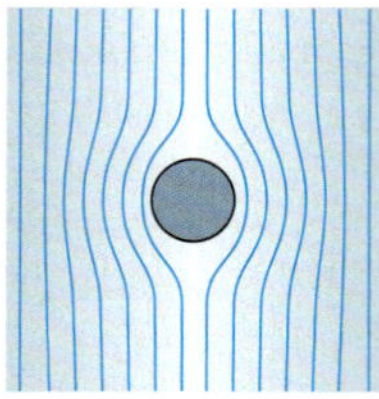</td>
<td>F_R Luftwiderstandskraft
c_W Luftwiderstandsbeiwert
A Querschnittsfläche des Körpers ⊥ zur Strömung
v Geschwindigkeit des Körpers in der Strömung
ϱ Dichte der Luft</td>
<td>N
Zahl
m^2
$m \cdot s^{-1}$
$kg \cdot m^{-3}$</td>
</tr>
<tr>
<td>Zentralkraft $\vec{F_Z}$
Zentripetalkraft</td>
<td>$F_Z = \frac{m \cdot v^2}{r}$
$= m \cdot \omega^2 \cdot r$
$= m \cdot \frac{4\pi^2 \cdot r}{T^2}$
$= m \cdot a_Z$
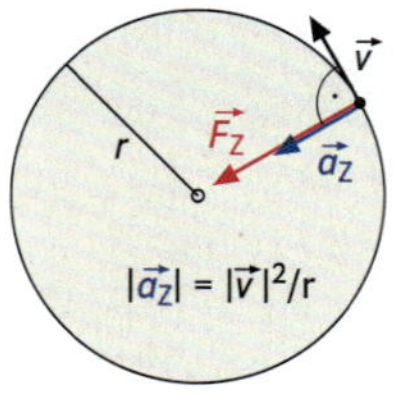
</td>
<td>F_Z Zentralkraft
m Masse des Körpers
r Bahnradius der Masse
v Bahngeschwindigkeit
ω Winkelgeschwindigkeit
a_Z Zentralbeschleunigung
T Umlaufzeit</td>
<td>N
kg
m
$m \cdot s^{-1}$
s^{-1}
$m \cdot s^{-2}$
s</td>
</tr>
<tr>
<td>Corioliskraft $\vec{F_C}$
Trägheitskraft im rotierenden System</td>
<td>$F_C = 2 \cdot m \cdot v_K \cdot \omega$
mit $\vec{F_C} \perp \vec{v_K}$
$\frac{r}{t} = v_K$
und
$\frac{b}{t} = \omega \cdot r$
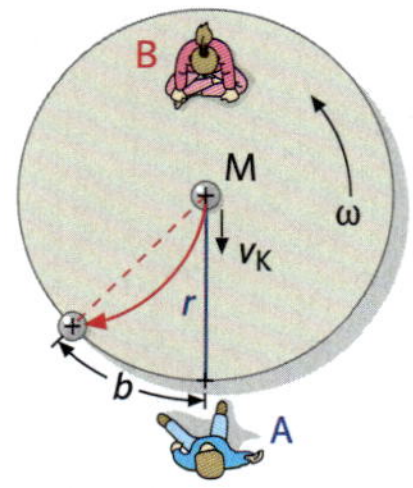
</td>
<td>F_C Corioliskraft
m Masse des Körpers
v_K Geschwindigkeit des Körpers gegenüber System
ω Winkelgeschwindigkeit des Systems
r Bahnradius
t Zeit
b Weg des in der Zeit t mitbewegten Körpers</td>
<td>N
kg
$m \cdot s^{-1}$
s^{-1}
m
s
m</td>
</tr>
<tr>
<td>Drehmoment $\vec{M}$
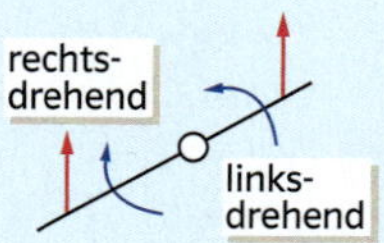
</td>
<td>$M = F \cdot r \cdot \sin\alpha$
$= F_r \cdot r$
$= F \cdot l$
$\vec{M} = \vec{r} \times \vec{F}$
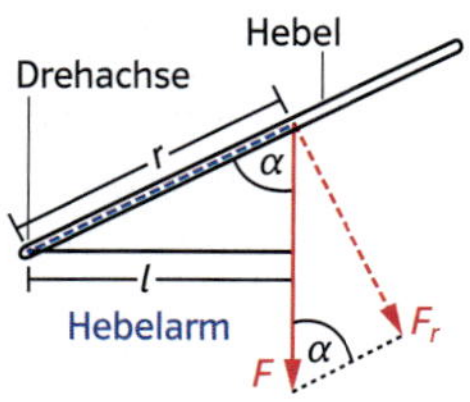

Hebelgesetz
(Gleichgewicht zweier Kräfte am Hebel)
$M_1 = M_2;\ F_1 \cdot l_1 = F_2 \cdot l_2$</td>
<td>M Drehmoment
F Kraft auf Hebelarm
F_r Kraftkomponente senkrecht zum Hebel
r Abstand des Angriffspunktes der Kraft zur Drehachse
l Länge des Hebelarms (Abstand der Wirkungslinie der Kraft zur Drehachse)
α Winkel zwischen r und F</td>
<td>N · m
N
N
m
m
Zahl (Grad)</td>
</tr>
<tr>
<td>Drehimpuls $\vec{L}$
Drehimpulserhaltung</td>
<td>$L = J \cdot \omega$ mit $J = m \cdot r^2$
Grundgleichung der Rotation
$M = \frac{\Delta L}{\Delta t} = \dot{L}$
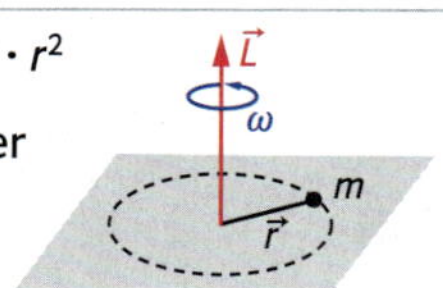

Drehimpulserhaltungssatz
(in einem abgeschlossenen System)
$\vec{L_1} + \vec{L_2} + \vec{L_3} + \ldots = \vec{L_1}' + \vec{L_2}' + \vec{L_3}' + \ldots$</td>
<td>L Drehimpuls
J Trägheitsmoment
ω Winkelgeschwindigkeit
m Masse
r Rotationsradius
M Drehmoment
$\vec{L_i}, \vec{L_i}'$ Einzeldrehimpulse vorher bzw. nachher</td>
<td>$kg \cdot m^2 \cdot s^{-1}$
$kg \cdot m^2$
s^{-1}
kg
m
N · m
$kg \cdot m^2 \cdot s^{-1}$</td>
</tr>
<tr>
<td>Trägheitsmoment J</td>
<td>punktförmiger Körper: $J = m \cdot r^2$
beliebiger Körper: $J = \sum_i m_i \cdot r_i^2 = \int_0^{r_{max}} r^2 \, dm$</td>
<td>J Trägheitsmoment
m, m_i Masse des punktförmig anzunehmenden (Teil-)Körpers
r, r_i Abstand des (Teil-)Körpers von der Drehachse</td>
<td>$kg \cdot m^2$
kg
m</td>
</tr>
</table>

Gravitationskraft $\vec{F_g}$	Newton'sches Gravitationsgesetz $F_g = \gamma \cdot \frac{m_1 \cdot m_2}{r^2}$ mit $\gamma = 6{,}67 \cdot 10^{-11}\,m^3 \cdot kg^{-1} s^{-2}$	F_g Gravitationskraft γ Gravitationskonstante m_1, m_2 Massen der Körper r Schwerpunktabstand der Körper	N $m^3 \cdot kg^{-1} \cdot s^{-2}$ kg m
Kepler'sche Gesetze 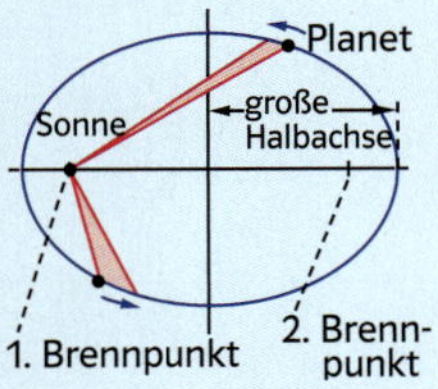 	1. Die Planetenbahnen sind Ellipsen mit der Sonne (Zentralmasse) in einem der Brennpunkte. 2. Die Verbindungsstrecke Planet – Sonne überstreicht in gleichen Zeitspannen gleich große Flächen. 3. Die Quadrate der Umlaufzeiten *T* zweier Planeten verhalten sich wie die 3. Potenzen der großen Halbachsen *a* ihrer Ellipsenbahnen. $\frac{T_1^2}{T_2^2} = \frac{a_1^3}{a_2^3}$	T Umlaufzeit a große Halbachse	s m
Feldstärke	Gravitationsfeldstärke $G = \frac{F_g}{m}$ In der Nähe der Erdoberfläche gilt: $G = g$	G Gravitationsfeldstärke F_g Gravitationskraft m Masse des (Probe-)Körpers g Fallbeschleunigung	$N \cdot kg^{-1}$ N kg $N \cdot kg^{-1}$ $(= m \cdot s^{-2})$

Dichte – Druck

Dichte ϱ	$\varrho = \frac{m}{V}$	ϱ Dichte m Masse V Volumen	$kg \cdot m^{-3}$ kg m^3
Druck p *hydraulisches Gleichgewicht* *barometrische Höhenformel*	$p = \frac{F}{A}$ bei konstantem Druck: $\frac{F_1}{A_1} = \frac{F_2}{A_2}$ 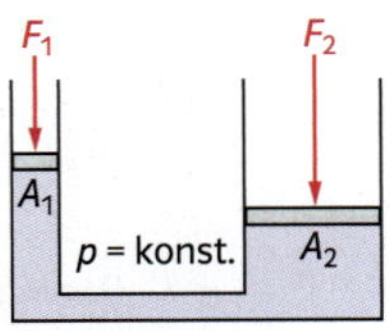 Auftriebskraft: $F_A = \varrho \cdot g \cdot (h_2 - h_1) \cdot A$ $F_A = \varrho \cdot g \cdot V_K$ Schweredruck: $p = \varrho \cdot g \cdot h$ Luftdruck: $p = p_0 \cdot e^{-(\varrho_0 \cdot g \cdot h/p_0)}$ 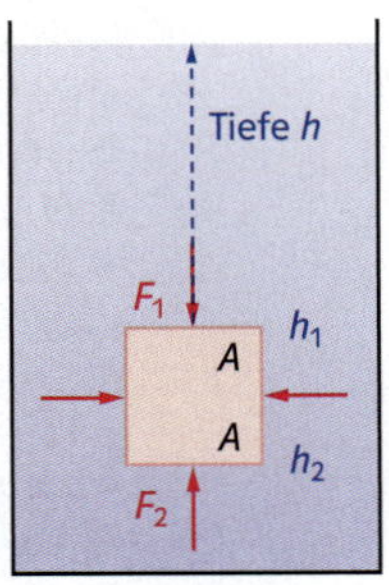 	p Druck (statischer Druck) F Kraft ⊥ Fläche A Fläche F_A Auftriebskraft in Flüssigkeit / Gas (nach oben) ϱ Dichte von Flüssigkeit / Gas h_1, h_2 Tiefe in Flüssigkeit / Gas g Fallbeschleunigung V_K Volumen des eingetauchten Körperteils h Höhe der Flüssigkeits-/Gassäule darüber p_0 Luftdruck bei $h = 0$ Normaldruck 1013 hPa ϱ_0 Luftdichte bei $h = 0$ h Höhe über Normal-Null	$Pa = N \cdot m^{-2}$ N m^2 N $kg \cdot m^{-3}$ m $m \cdot s^{-2}$ m^3 h Pa $kg \cdot m^{-3}$ m
Kontinuitäts-gleichung	bei konstanter Dichte: $A_1 \cdot v_1 = A_2 \cdot v_2$ 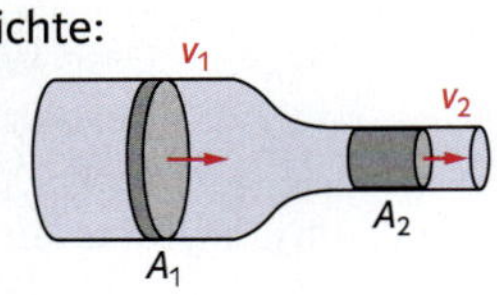 	A_1, A_2 Querschnittsflächen des strömenden Mediums v_1, v_2 Geschwindigkeit der Strömung	m^2 $m \cdot s^{-1}$
Bernoulli'sche Strömungsgleichung	$p + \frac{1}{2}\varrho \cdot v^2 = p_0 = \text{konstant}$	p statischer Druck v Strömungsgeschwindigkeit ϱ Dichte des Fluids p_0 Gesamtdruck	Pa $m \cdot s^{-1}$ $kg \cdot m^{-3}$ Pa

Energie – Arbeit – Leistung

Energie E *Energieerhaltung*	Fortschreitende Bewegung $E_{kin} = \frac{1}{2} m \cdot v^2$ Rotationsbewegung $E_{kin} = \frac{1}{2} J \cdot \omega^2$ Energie der Lage $E_{pot} = m \cdot g \cdot h$ Spannenergie $E_S = \frac{1}{2} D \cdot s^2$ Im reibungsfreien abgeschlossenen System ist: $E_{kin} + E_{pot} + E_S =$ konstant	E_{kin} kinetische Energie m Masse v Geschwindigkeit J Trägheitsmoment ω Winkelgeschwindigkeit E_{pot} potenzielle Energie g Fallbeschleunigung h Höhe über Nullniveau E_S elastische Energie D Richtgröße (Federkonstante) s Weg (Verformung)	$J = W \cdot s = N \cdot m$ kg $m \cdot s^{-1}$ $kg \cdot m^2$ s^{-1} $J = kg \cdot m^2 \cdot s^{-2}$ $m \cdot s^{-2}$ m $J = kg \cdot m^2 \cdot s^{-2}$ $N \cdot m^{-1}$ m
Arbeit W	$W = \Delta E = \int_{s_1}^{s_2} \vec{F}(s)\, d\vec{s}$ $= \int_{s_1}^{s_2} F(s)\, ds$ 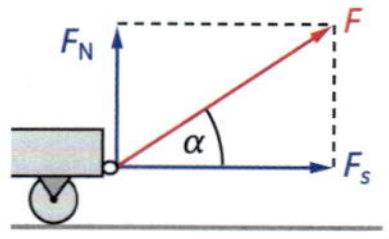 für $\vec{F} =$ konstant: $W = \vec{F} \cdot \vec{s} = F \cdot s \cdot \cos\alpha = F_s \cdot s$ **Arbeit im Gravitationsfeld:** $W_{P_1, P_2} = \int_{r_1}^{r_2} \vec{F_g}\, d\vec{s} = \gamma \cdot m \cdot M \cdot \left(\frac{1}{r_1} - \frac{1}{r_2}\right)$ 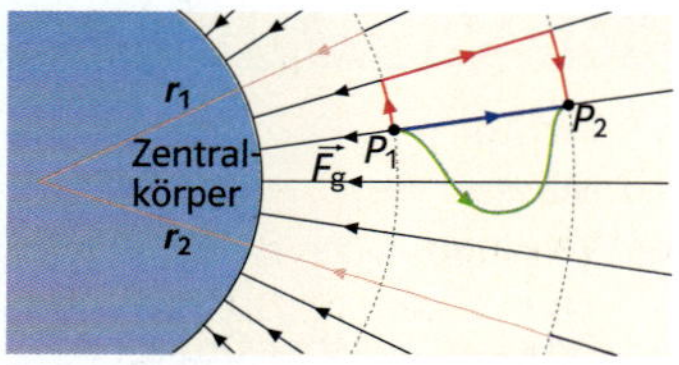 Bezugspunkt P_1 im Unendlichen, P im Abstand r vom Schwerpunkt des Zentralkörpers: $W_\infty = -\gamma \cdot m \cdot \frac{M}{r}$ **Gravitationspotenzial:** $\varphi = -\gamma \cdot \frac{M}{r} = \frac{W_\infty}{m}$ somit $W_{P_1, P_2} = m \cdot (\varphi(P_1) - \varphi(P_2))$	W Arbeit, Energieumsetzung durch eine Kraft längs eines Weges $F(s)$ Kraft als Funktion des Weges F_s Kraftkomponente in Wegrichtung s Weglänge W_{P_1, P_2} Arbeit, um m von P_1 nach P_2 zu bringen $\vec{F_g}$ Gravitationskraft M Masse des Zentralkörpers m Masse des Probekörpers r_i Abstand des Ortes P_i vom Schwerpunkt des Zentralkörpers W_∞ Arbeit, um m von Unendlich nach P zu bringen φ Potenzial eines Körpers der Masse M im Abstand r vom Schwerpunkt $\varphi(P_i)$ Potenzial in Punkt P_i	$J = W \cdot s = N \cdot m$ N N m J N kg kg m J $J \cdot kg^{-1}$ $J \cdot kg^{-1}$
Leistung P	Durchschnittsleistung: $P = \frac{\Delta E}{\Delta t}$ wenn $\Delta E \sim \Delta t$, so ist $P = \frac{W}{t}$ wenn $\vec{F} =$ konstant: $P = F_v \cdot v$	P Leistung (auch Energiestromstärke) $\Delta E = W$ Energieänderung, Arbeit $\Delta t, t$ Zeitdauer F_v Kraft in Bewegungsrichtung v Geschwindigkeit	$W = J \cdot s^{-1}$ J s N $m \cdot s^{-1}$
Wirkungsgrad η	$\eta = \frac{\Delta E_{ab}}{\Delta E_{zu}} = \frac{P_{ab}}{P_{zu}}$	η Wirkungsgrad E_{ab}, E_{zu} umgesetzte Energie P_{ab}, P_{zu} Leistung	Zahl J W
Zentraler Stoß	Elastischer Stoß zweier Körper: $v_A' = \frac{2 m_B \cdot v_B + (m_A - m_B) \cdot v_A}{m_A + m_B}$ $v_B' = \frac{2 m_A \cdot v_A + (m_B - m_A) \cdot v_B}{m_A + m_B}$ Unelastischer Stoß zweier Körper: $v_A' = v_B' = \frac{m_A \cdot v_A + m_B \cdot v_B}{m_A + m_B}$; $\vec{v_A}'$ und $\vec{v_B}'$ haben gleiche Richtung	v_A, v_B Geschwindigkeiten vor dem Stoß v_A', v_B' Geschwindigkeiten nach dem Stoß m_A, m_B Massen der Körper	$m \cdot s^{-1}$ $m \cdot s^{-1}$ kg

Spezielle Relativitätstheorie

Ort – Zeit – Geschwindigkeit

Einstein'sche Postulate	1. Die Lichtgeschwindigkeit im Vakuum ($c \approx 3 \cdot 10^8\,\text{m/s}$) ist unabhängig vom Inertialsystem. 2. In allen Inertialsystemen gelten dieselben physikalischen Gesetze über Bewegungsvorgänge. Ein Inertialsysteme ist ein Bezugssystem (Koordinatensystem), in dem ein kräftefreier Körper ruht oder sich mit konstanter Geschwindigkeit geradlinig bewegt.		
Galilei-Transformation *Umrechnen von Koordinaten eines Systems in ein anderes*	System S′ bewegt sich im System S mit $v \ll c$ $x' = x - v \cdot t$ bzw. $x = x' + v \cdot t'$ $y' = y;\; z' = z$ bzw. $y = y';\; z = z'$ $t' = t$ bzw. $t' = t$	v Geschwindigkeit von S′ in S x, y, z, t Raum- und Zeitkoordinaten in S x', y', z', t' Raum- und Zeitkoordinaten in S′	$\text{m} \cdot \text{s}^{-1}$ m bzw. s m bzw. s
Lorentz-Transformation *Umrechnen von Koordinaten eines Systems in ein anderes* *Bei $t = t' = 0$ und $x = x' = 0$ werde ein Lichtsignal ausgesandt*	System S′ bewegt sich gegenüber System S mit $v \approx c$ 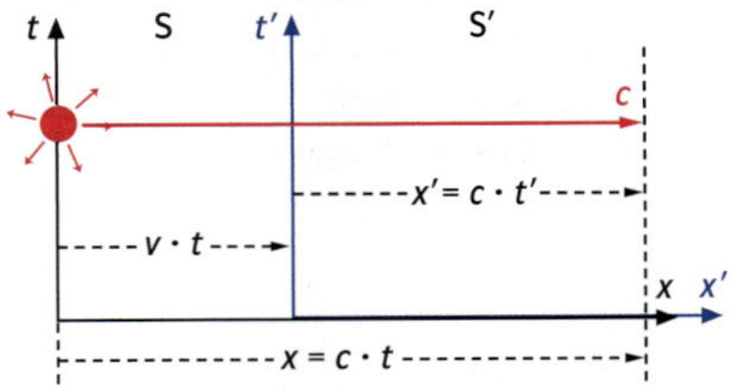 $x' = \gamma \cdot (x - v \cdot t)$ bzw. $x = \gamma \cdot (x' + v \cdot t')$ $y' = y;\; z' = z$ bzw. $y = y';\; z = z'$ $t' = \gamma \cdot \left(t - \frac{v}{c^2} \cdot x\right)$ bzw. $t = \gamma \cdot \left(t' + \frac{v}{c^2} \cdot x'\right)$ $\beta = \frac{v}{c}$ $\gamma = \frac{1}{\sqrt{1 - \frac{v^2}{c^2}}} = \frac{1}{\sqrt{1 - \beta^2}}$	v Geschwindigkeit von S′ in S c Lichtgeschwindigkeit x, y, z, t Raum- und Zeitkoordinaten in S x', y', z', t' Raum- und Zeitkoordinaten in S′ γ Verzerrungsfaktor β Verhältnisfaktor	$\text{m} \cdot \text{s}^{-1}$ $\text{m} \cdot \text{s}^{-1}$ m bzw. s m bzw. s Zahl Zahl
Zeitdilatation $\Delta t > \Delta t'$	$\Delta t = \frac{\Delta t'}{\sqrt{1 - \frac{v^2}{c^2}}} = \frac{\Delta t'}{\sqrt{1 - \beta^2}} = \Delta t' \cdot \gamma$ mit $\Delta t = t_2 - t_1$ $\Delta t' = t_2' - t_1'$	Δt Zeitdifferenz zwischen zwei Ereignissen in S (an den Orten x und $x + v \cdot \Delta t$) $\Delta t'$ Zeitdifferenz für dieselben Ereignisse in S′ (am Ort x' = konst.)	s s
Längenkontraktion $l < l'$	$l = l' \cdot \sqrt{1 - \frac{v^2}{c^2}} = l' \cdot \sqrt{1 - \beta^2} = l' \cdot \frac{1}{\gamma}$	l Länge des mit v parallel zu l' bewegten Körpers in S l' Länge des Körpers in S′ γ Verzerrungsfaktor β Verhältnisfaktor	m m Zahl Zahl
Addition von Geschwindigkeiten	$u = \frac{u' + v}{1 + \frac{u' \cdot v}{c^2}}$	v Geschwindigkeit des Systems S′ gegenüber S u Geschwindigkeit eines Körpers im System S u' Geschwindigkeit des Körpers im System S′ c Lichtgeschwindigkeit	$\text{m} \cdot \text{s}^{-1}$ $\text{m} \cdot \text{s}^{-1}$ $\text{m} \cdot \text{s}^{-1}$ $\text{m} \cdot \text{s}^{-1}$
Optischer Dopplereffekt	$f = f' \cdot \sqrt{\frac{c - v}{c + v}}$ bzw. $v = c \cdot \frac{1 - \left(\frac{f}{f'}\right)^2}{1 + \left(\frac{f}{f'}\right)^2}$	f Frequenz im System S f' Frequenz im System S′ c Lichtgeschwindigkeit v Geschwindigkeit von S′ in S	s^{-1} s^{-1} $\text{m} \cdot \text{s}^{-1}$ $\text{m} \cdot \text{s}^{-1}$

Masse – Impuls – Energie

Masse m	$m = \frac{m_0}{\sqrt{1 - \frac{v^2}{c^2}}} = \frac{m_0}{\sqrt{1 - \beta^2}} = m_0 \cdot \gamma$	v Geschwindigkeit des Körpers im System S m Masse des sich mit v gegenüber einem im System ruhenden Beobachter bewegenden Körpers m_0 Ruhemasse (Masse des im System ruhenden Körpers) c Lichtgeschwindigkeit β Verhältnisfaktor γ Verzerrungsfaktor	$m \cdot s^{-1}$ kg kg $m \cdot s^{-1}$ Zahl Zahl
Impuls p	$p = m \cdot v = m_0 \cdot v \cdot \gamma$	p Impuls v Geschwindigkeit m Masse m_0 Ruhemasse γ Verzerrungsfaktor	$kg \cdot m \cdot s^{-1}$ $m \cdot s^{-1}$ kg kg Zahl
Kraft F	$F = \frac{dp}{dt} = \frac{d(m \cdot v)}{dt} = \frac{d(m_0 \cdot \gamma \cdot v)}{dt}$	F Kraft p Impuls t Zeit m Masse v Geschwindigkeit γ Verzerrungsfaktor	N $kg \cdot m \cdot s^{-1}$ s kg $m \cdot s^{-1}$ Zahl
Energie E	$E_0 = m_0 \cdot c^2$ $E = m \cdot c^2 = m_0 \cdot c^2 \cdot \gamma$ für $v \ll c$ $E = \frac{1}{2} m_0 \cdot v^2 + m_0 \cdot c^2 = E_{kin} + E_0$	E_0 Ruheenergie des Körpers ($v = 0$) E Gesamtenergie des Körpers m_0 Ruhemasse v Geschwindigkeit des Körpers c Lichtgeschwindigkeit m Masse γ Verzerrungsfaktor E_{kin} kinetische Energie	J J kg $m \cdot s^{-1}$ $m \cdot s^{-1}$ kg Zahl J
Energie-Impuls-Beziehung	$E = \sqrt{(m_0 \cdot c^2)^2 + p^2 \cdot c^2} = \sqrt{E_0^2 + (p \cdot c)^2}$ 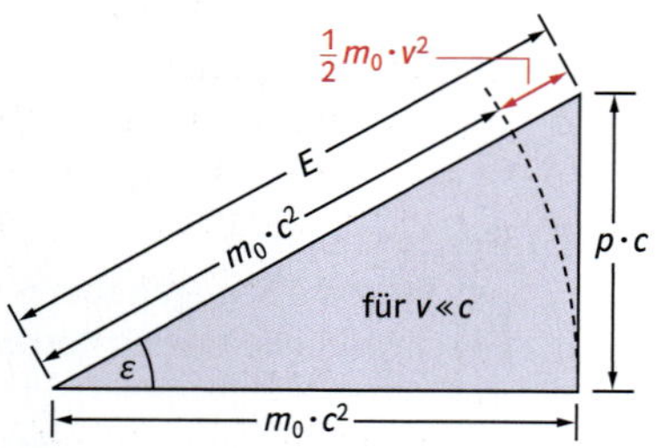 $\sin \varepsilon = \beta$; $\cos \varepsilon = \frac{1}{\gamma}$	E Gesamtenergie des Körpers m_0 Ruhemasse p Impuls E_0 Ruheenergie des Körpers c Lichtgeschwindigkeit v Geschwindigkeit β Verhältnisfaktor γ Verzerrungsfaktor	J kg $kg \cdot m \cdot s^{-1}$ J $m \cdot s^{-1}$ $m \cdot s^{-1}$ Zahl Zahl

Thermodynamik

Temperatur – Volumen – Druck

Temperatur ϑ, T	ϑ in Grad Celsius bzw. T in Kelvin $\vartheta = \left(\frac{T}{1\,\text{K}} - 273{,}15\,°\text{C}\right)$ $T = \left(\frac{\vartheta}{1\,°\text{C}} + 273{,}15\,\text{K}\right)$ $\Delta T = T_2 - T_1 = \vartheta_2 - \vartheta_1 = \Delta\vartheta$	ϑ Celsius-Temperatur T thermodynamische (absolute) Temperatur $\Delta\vartheta = \Delta T$ Temperaturunterschied	°C K °C, K
thermische Längenänderung Δl *Näherungsformel für beliebige ϑ_2, ϑ_1*	Längenänderung Δl fester Körper bei $\alpha(\vartheta)$ = konstant: $l_\vartheta = l_0 \cdot (1 + \alpha \cdot \vartheta)$ $\Delta l = \alpha \cdot l_1 \cdot \Delta\vartheta$	l_ϑ, l_0 Länge bei der Temperatur ϑ bzw. bei $\vartheta_0 = 0\,°\text{C}$ α Längenausdehnungskoeffizient $\Delta l = l_2 - l_1$ Längenänderung $\Delta\vartheta = \vartheta_2 - \vartheta_1$ Temperaturänderung l_1 Länge bei der Temperatur ϑ_1	m $°\text{C}^{-1}$ m °C m
thermische Volumenänderung ΔV *Näherungsformel für beliebige ϑ_2, ϑ_1*	Volumenänderung ΔV fester, flüssiger und gasförmiger Körper bei $\gamma(\vartheta)$ = konstant: $V_\vartheta = V_0 \cdot (1 + \gamma \cdot \vartheta)$ $\Delta V = \gamma \cdot V_1 \cdot \Delta\vartheta$ bei festen Körpern $\gamma = 3\alpha$, bei idealen Gasen $\gamma = \frac{1}{273\,\text{K}}$ (p = konstant)	V_ϑ, V_0 Volumen bei der Temperatur ϑ bzw. bei $\vartheta_0 = 0\,°\text{C}$ γ Volumenausdehnungskoeffizient $\Delta V = V_2 - V_1$ Volumenänderung $\Delta\vartheta = \vartheta_2 - \vartheta_1$ Temperaturänderung α Längenausdehnungskoeffizient	m^3 $°\text{C}^{-1}$ m^3 °C $°\text{C}^{-1}$
Gasgesetze *Gay-Lussac* *Amontons* *Boyle-Mariotte* *allgemeine Gasgleichung* *universelle Gasgleichung* *Poisson'sche Gesetze* *van-der-Waals-Gleichung*	**für ideales Gas:** Bei p = konstant: $\frac{V}{T}$ = konstant Bei V = konstant: $\frac{p}{T}$ = konstant Bei T = konstant: $p \cdot V$ = konstant $\frac{p \cdot V}{T}$ = konstant $p \cdot V = n \cdot R \cdot T = N \cdot k \cdot T$ $n = \frac{N}{N_\text{A}} = \frac{m}{M_\text{m}}$ Adiabatische Zustandsänderung: $Q = 0$ $p \cdot V^\varkappa$ = konstant $T \cdot V^{\varkappa - 1}$ = konstant $\qquad \varkappa = \frac{c_p}{c_V}$ $\frac{T^\varkappa}{p^{\varkappa - 1}}$ = konstant **für reales Gas:** $\left(p + \frac{a \cdot n^2}{V^2}\right) \cdot (V - b \cdot n) = n \cdot R \cdot T$	p Druck V Volumen T Temperatur n Stoffmenge R allgemeine Gaskonstante N Teilchenzahl N_A Avogadro-Konstante k Boltzmann-Konstante m Masse M_m molare Masse Q Wärmezufuhr/-abgabe $\varkappa$ Adiabatenexponent c_p spezifische Wärmekapazität bei konstantem Druck c_V spezifische Wärmekapazität bei konstantem Volumen a Korrekturkonstante infolge Teilchenanziehung b Korrekturkonstante infolge Teilchenvolumen	$\text{Pa} = \text{N} \cdot \text{m}^{-2}$ m^3 K mol $\text{J} \cdot \text{K}^{-1} \cdot \text{mol}^{-1}$ Zahl mol^{-1} $\text{J} \cdot \text{K}^{-1}$ kg $\text{kg} \cdot \text{mol}^{-1}$ J Zahl $\text{J} \cdot \text{kg}^{-1} \cdot \text{K}^{-1}$ $\text{J} \cdot \text{kg}^{-1} \cdot \text{K}^{-1}$ $\text{Pa} \cdot \text{m}^6 \cdot \text{mol}^{-2}$ $\text{m}^3 \cdot \text{mol}^{-1}$
Wärmeleitung	$Q = \lambda \cdot A \cdot \frac{\Delta T}{d} \cdot \Delta t$ 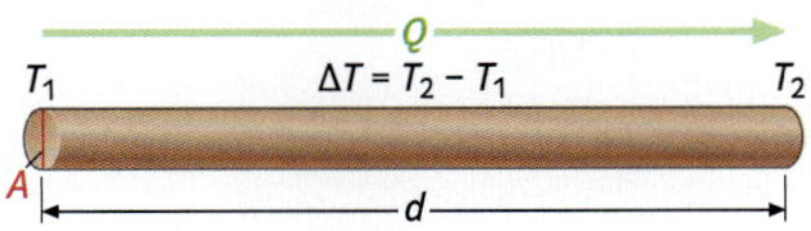	Q Wärmezufuhr ΔT Temperaturunterschied d Dicke (Länge) des Körpers A Querschnittsfläche λ Wärmeleitfähigkeit Δt Zeitdauer	J K m m^2 $\text{J} \cdot \text{s}^{-1} \cdot \text{m}^{-1} \cdot \text{K}^{-1}$ s

Kinetische Gastheorie

Druck, Volumen, Temperatur	für Teilchen gleicher Masse m: $p \cdot V = \frac{1}{3} \cdot N \cdot m \cdot \overline{v^2}$ $= \frac{2}{3} \cdot N \cdot \overline{E_{kin}} = N \cdot k \cdot T$ mit $\overline{E_{kin}} = \frac{1}{2} m \cdot \overline{v^2}$ Innere Energie eines idealen Gases: $E_{innere} = U = N \cdot \overline{E_{kin}}$	m Teilchenmasse p Druck als makroskopische Zustandsgröße V Volumen als makroskopische Zustandsgröße N Teilchenzahl $\overline{v^2}$ Mittelwert der Quadrate aller Teilchengeschwindigkeiten k Boltzmann-Konstante T Temperatur E_{innere}, U innere Energie	kg Pa m^3 Zahl $m^2 \cdot s^{-2}$ $J \cdot K^{-1}$ K J
Mittlere kinetische Energie $\overline{E_{kin}}$ der Teilchen	eines Teilchens der Masse m mit drei Freiheitsgraden der Bewegung: $\overline{E_{kin}} = \frac{3}{2} \cdot k \cdot T$ mit $k = R/N_A$ bzw. pro Freiheitsgrad f: $\overline{E_{kin}} = \frac{1}{2} \cdot f \cdot k \cdot T$	$\overline{E_{kin}}$ Mittelwert der kinetischen Energie eines Teilchens k Boltzmann-Konstante T Temperatur R allgemeine Gaskonstante N_A Avogadro-Konstante f Freiheitsgrad	J $J \cdot K^{-1}$ K $J \cdot K^{-1} \cdot mol^{-1}$ mol^{-1} Zahl
Mittleres Geschwindigkeitsquadrat $\overline{v^2}$ der Teilchen *bei Maxwell'scher Geschwindigkeitsverteilung*	$\overline{v^2} = \frac{3p}{\varrho} = \frac{3R \cdot T}{M_m}$ $\bar{v} = 0{,}92 \cdot \sqrt{\overline{v^2}}$	$\overline{v^2}$ mittleres Geschwindigkeitsquadrat der Teilchen $\bar{v}$ mittlere Teilchengeschwindigkeit p Druck ϱ Dichte des Gases R allgemeine Gaskonstante M_m molare Masse	$m^2 \cdot s^{-2}$ $m \cdot s^{-1}$ Pa $kg \cdot m^{-3}$ $J \cdot K^{-1} \cdot mol^{-1}$ $kg \cdot mol^{-1}$

Molare Größen

Satz von Avogadro	In Gasen befinden sich bei gleichem Druck und gleicher Temperatur in gleichen Volumina die gleiche Anzahl von Teilchen (Atome oder Moleküle). Teilchenzahl bei Normbedingungen: $N_A = \frac{N}{n} = 6{,}0221367 \cdot 10^{23}\,mol^{-1}$	N_A Avogadro-Konstante N Teilchenzahl n Stoffmenge Normbedingungen: $p_0 = 1{,}01325 \cdot 10^5\,Pa$ $T_0 = 273{,}15\,K$ $V_0 = 22{,}414\,dm^3 \cdot mol^{-1}$	mol^{-1} Zahl mol
Molares Volumen V_m *Molvolumen*	$V_m = \frac{V}{n}$ bei Normbedingungen: $V_{m_0} = 22{,}414\,dm^3 \cdot mol^{-1}$	V_m molares Volumen V Volumen des Gases n Stoffmenge	$m^3 \cdot mol^{-1}$ m^3 mol
Molare Masse M_m *Molmasse*	$M_m = \frac{m}{n}$	M_m Molare Masse m Masse n Stoffmenge	$kg \cdot mol^{-1}$ kg mol

Wärme – Energie

Wärme Q *Vereinbarung zum Vorzeichen*	Energieumsetzung durch Temperaturunterschied: $Q = c \cdot m \cdot \Delta T = c \cdot m \cdot \Delta\vartheta$ durch Arbeit: $Q = W = F \cdot \Delta s$ bei F = konstant $= p \cdot \Delta V$ bei p = konstant Energie des Systems nimmt zu: $W > 0, Q > 0$ Energie des Systems nimmt ab: $W < 0, Q < 0$	Q Wärme, eine die innere Energie eines Körpers ändernde Energie $\Delta T, \Delta\vartheta$ Temperaturänderung m Masse des Körpers c spezifische Wärmekapazität W Arbeit durch Reibung oder Volumenänderung des Gases F Kraft in Wegrichtung Δs Weglänge p Druck ΔV Volumenänderung	J K, °C kg $J \cdot kg^{-1} \cdot K^{-1}$ J N m Pa m^3
Wärmekapazität C *Mischungstemperatur*	$C = \frac{Q}{\Delta T}$ spezifische Wärmekapazität c: $c = \frac{Q}{m \cdot \Delta T}$ molare Wärmekapazität: $C_m = \frac{Q}{n \cdot \Delta T}$ Zusammenhang: $C = c \cdot m = C_m \cdot n = c \cdot M_m \cdot n$ bei Gasen: $C_{pm} = \frac{f+2}{2} \cdot R$ und $C_{Vm} = \frac{f}{2} \cdot R$ Zusammenhang: $C_{pm} - C_{Vm} = R$ $\vartheta_M = \frac{c_1 \cdot m_1 \cdot \vartheta_1 + c_2 \cdot m_2 \cdot \vartheta_2}{c_1 \cdot m_1 + c_2 \cdot m_2}$	C Wärmekapazität Q Wärmezufuhr/-abgabe ΔT Temperaturänderung c spezifische Wärmekapazität m Masse des Körpers n Stoffmenge C_m molare Wärmekapazität M_m molare Masse C_{pm} bzw. C_{Vm} Wärmekapazität für 1 mol des Gases unter konstantem Druck bzw. Volumen f Anzahl der Freiheitsgrade R allgemeine Gaskonstante ϑ_M Mischungstemperatur	$J \cdot K^{-1}$ J K $J \cdot kg^{-1} \cdot K^{-1}$ kg mol $J \cdot mol^{-1} \cdot K^{-1}$ $kg \cdot mol^{-1}$ $J \cdot mol^{-1} \cdot K^{-1}$ Zahl $J \cdot mol^{-1} \cdot K^{-1}$ °C
Freiheitsgrad	Anzahl der voneinander unabhängigen Bewegungsmöglichkeiten von ein- bzw. mehratomigen Teilchen 1-atomig: $f = 3$ 2-atomig: $f = 5$ 3-(mehr)atomig: $f = 6$ 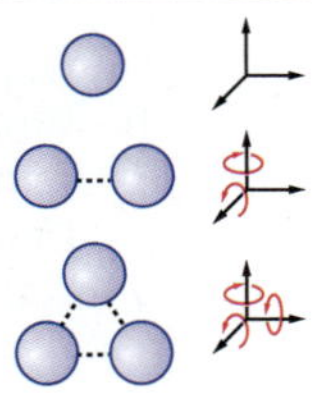	f Anzahl der Freiheitsgrade	Zahl
Spezifische Umwandlungsenergien	spezif. Schmelz-/Erstarrungsenergie $s = \frac{Q_s}{m}$ spezif. Verdampfungs-/Kondensationsenergie $r = \frac{Q_r}{m}$ 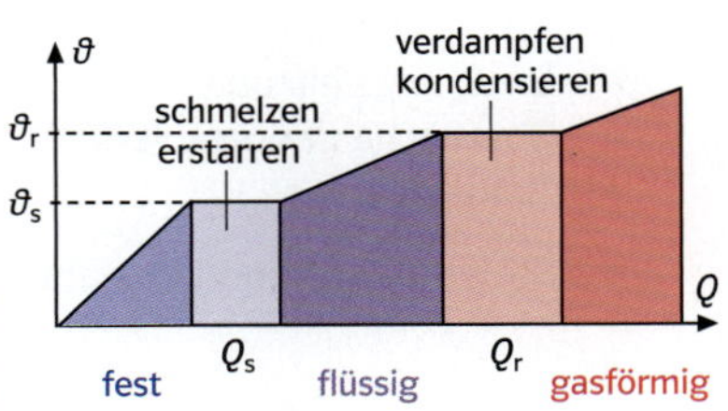 	s, r spezifische Umwandlungsenergien zwischen fester/flüssiger bzw. flüssiger/gasförmiger Phase Q_s, Q_r beim Schmelzen (Erstarren bzw. Verflüssigen/Verdampfen) umgesetzte Energie m Masse ϑ_s, ϑ_r Schmelz-/Siedetemperatur	$J \cdot kg^{-1}$ J kg °C

Hauptsätze – Strahlungsgesetze

1. Hauptsatz *Zustandsänderung idealer Gase*	$\Delta E_{innere} = \Delta U = W + Q$ Vereinbarung: Dem System durch Wärme oder Arbeit zugeführte (entzogene) Energie wird positiv (negativ) gerechnet. **adiabatisch:** $Q = 0$; $\Delta U = W$ **isotherm:** T = konstant; $\Delta U = 0$; $\lvert Q \rvert = \lvert W \rvert$	$\Delta E_{innere} = \Delta U$ Änderung der inneren Energie eines Systems Q Wärme W Arbeit **adiabatisch:** kein Wärmeaustausch mit Umgebung **isotherm:** Wärmeaustausch mit Umgebung	J J J
2. Hauptsatz **Entropie S**	$\Delta S = \frac{Q}{T}$ bei einem reversiblen Vorgang ist: $\Delta S = 0$ ΔE_{innere} = konstant bei einem irreversiblen Vorgang ist: $\Delta S > 0$ $W \neq 0$; $Q \neq 0$ Boltzmann'sche Gleichung: $S = k \cdot \ln W$ Entropie kann als Maß der Unordnung des Systems aufgefasst werden. Es ist unmöglich, eine einem Körper entnommene Wärme Q vollständig in mechanische Arbeit W umzusetzen.	S Entropie eines abgeschlossenen Systems ΔS Entropieänderung Q dem System reversibel zugeführte bzw. entnommene Wärme T Temperatur, bei der die Wärme zugeführt bzw. entnommen wird k Boltzmann-Konstante W Wahrscheinlichkeit für die größtmögliche Anzahl der mit dem Makrozustand übereinstimmenden Mikrozustände	$J \cdot K^{-1}$ $J \cdot K^{-1}$ J K $J \cdot K^{-1}$ Zahl
Thermodynamischer Wirkungsgrad η *reversibler Kreisprozess*	$\eta = \frac{Q_{zu} - Q_{ab}}{Q_{zu}} = \frac{T_{hoch} - T_{niedrig}}{T_{hoch}} = \frac{\lvert W \rvert}{Q_{zu}}$ 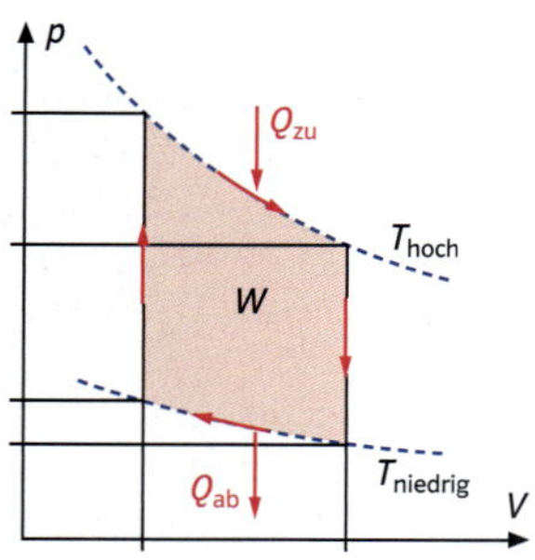 Beim Carnot'schen Kreisprozess ist der Wirkungsgrad maximal.	η Wirkungsgrad Q_{zu} dem System bei der Temperatur T_{hoch} zugeführte Wärme Q_{ab} dem System bei der Temperatur $T_{niedrig}$ entnommene Wärme W verrichtete Arbeit T Temperatur p Druck V Volumen	Zahl J J J K Pa m^3
Wien'sches Verschiebungsgesetz	für einen schwarzen Strahler: $\lambda_{max} = \frac{a}{T}$ mit $a = 2{,}9 \cdot 10^{-3}\,m \cdot K$	λ_{max} Wellenlänge mit größter Strahlungsleistung T Temperatur a Wien'sche Konstante	m K $m \cdot K$
Stefan-Boltzmann'sches Gesetz	für einen schwarzen Strahler: $\frac{P}{A} = \sigma \cdot T^4$ ($\sigma = 5{,}670 \cdot 10^{-8}\,W \cdot m^{-2} \cdot K^{-4}$)	P Strahlungsleistung A Oberfläche des Strahlers T Temperatur σ Stefan-Boltzmann-Konstante	W m^2 K $W \cdot m^{-2} \cdot K^{-4}$

Elektrizitätslehre

Ladung und elektrisches Feld

Stromstärke I	$I = \lim\limits_{\Delta t \to 0} \frac{\Delta Q}{\Delta t} = \frac{dQ}{dt} = \dot{Q}$ bei Gleichstrom: $I = \frac{Q}{t}$ 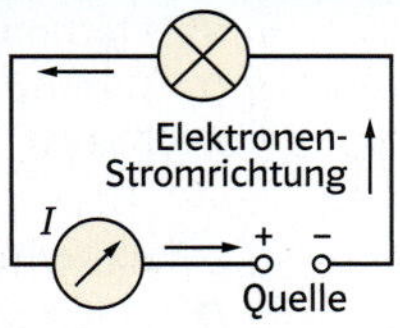	I Stromstärke Q elektrische Ladung, die in der Zeitspanne t durch den Leiterquerschnitt bewegt wird t Zeitdauer	A C = A · s s
Elektrische Feldstärke $\vec{E}$	$\vec{E} = \frac{\vec{F}}{q}$ im homogenen Feld: $E = \frac{U}{d}$ 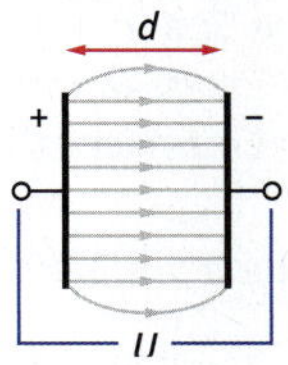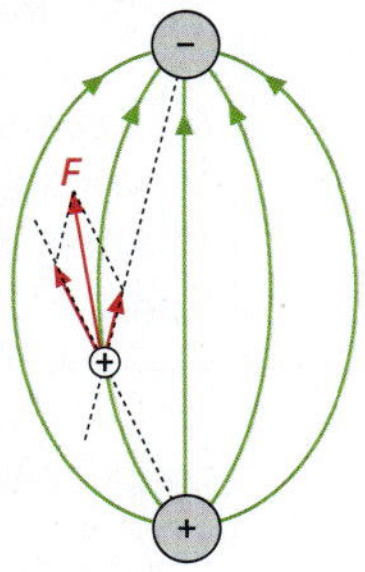	E elektrische Feldstärke F Kraft auf einen Körper mit einer kleinen Probeladung q q elektrische Probeladung U elektrische Spannung (Potenzialunterschied im Feld) d Abstand	$N \cdot C^{-1}$ $= V \cdot m^{-1}$ N C V m
Elektrische Kraft $\vec{F}$ *Coulomb'sches Gesetz*	$F = \frac{1}{4\pi \cdot \varepsilon_0 \cdot \varepsilon_r} \cdot \frac{Q_1 \cdot Q_2}{r^2}$ 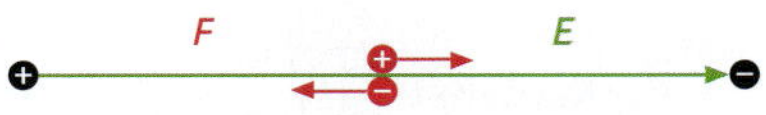	F Kraft zwischen zwei geladenen punktförmigen Körpern Q_1, Q_2 elektrische Ladungen r Abstand zwischen den geladenen Körpern ε_0 elektrische Feldkonstante ε_r Permittivitätszahl (Dielektrizitätszahl)	N C m $A \cdot s \cdot V^{-1} \cdot m^{-1}$ Zahl
Elektrisches Potenzial φ_P im Radialfeld	Bezugspunkt ∞: $\varphi_P = \frac{1}{4\pi \cdot \varepsilon_0 \cdot \varepsilon_r} \cdot \frac{Q}{r}$ Potenzialdifferenz zwischen P_1 und P_2: $\varphi_P = \varphi_{P_2} - \varphi_{P_1} = \varphi_2 - \varphi_1 = \frac{W}{q} = -\int_{P_1}^{P_2} \vec{E} \cdot d\vec{s}$	φ_P elektrisches Potenzial im Feld der punktförmigen Ladung Q im Abstand r Q Ladung r Abstand ε_0 elektrische Feldkonstante ε_r Permittivitätszahl (Dielektrizitätszahl) W Arbeit, um im Feld die Ladung q von P_1 nach P_2 zu transportieren q im Feld bewegte (Probe-)Ladung	V C m $A \cdot s \cdot V^{-1} \cdot m^{-1}$ Zahl J C
Elektrische Spannung U *Potenzialunterschied*	$U = \frac{W}{q} = \varphi_2 - \varphi_1$ 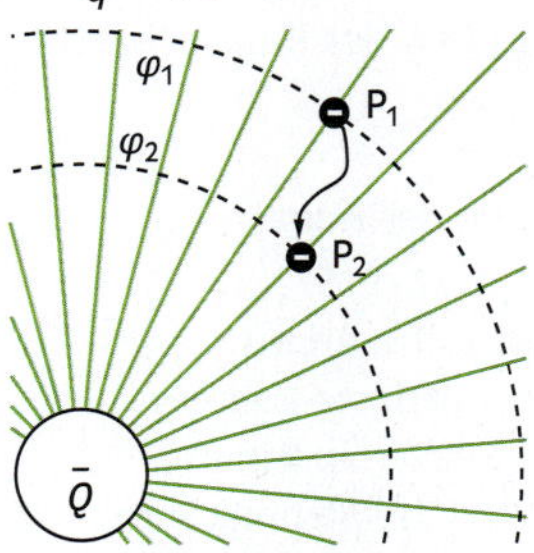	U elektrische Spannung W Überführungsarbeit q transportierte (Probe-)Ladung φ_1, φ_2 Potenzial in den Punkten P_1 bzw. P_2	V J C V
Elektrische Flussdichte $\vec{D}$ *dielektrische Verschiebung*	$D = \varepsilon_0 \cdot \varepsilon_r \cdot E$	D elektrische Flussdichte E elektrische Feldstärke ε_0 elektrische Feldkonstante ε_r Permittivitätszahl	$C \cdot m^{-2}$ $V \cdot m^{-1}$ $A \cdot s \cdot V^{-1} \cdot m^{-1}$ Zahl

…

Elektrische Flächenladungsdichte σ	im homogenen Feld: $\sigma = \frac{Q}{A}$	σ Flächenladungsdichte Q Ladung auf Fläche A A Fläche	$C \cdot m^{-2}$ C m^2
Energiedichte w_e des elektrischen Feldes	$w_e = \frac{1}{2} E \cdot D = \frac{1}{2} \varepsilon_0 \cdot \varepsilon_r \cdot E^2$	E elektrische Feldstärke D elektrische Flussdichte w_e Energiedichte	$V \cdot m^{-1}$ $C \cdot m^{-2}$ $J \cdot m^{-3}$
Kapazität C	$C = \frac{Q}{U}$	C Kapazität Q Ladung U elektrische Spannung C_{Ersatz} Ersatzkapazität $C_1, C_2, \dots C_n$ Einzelkapazitäten	$F = C \cdot V^{-1}$ C V F F
Schaltung von Kondensatoren	Reihenschaltung von Kapazitäten: $\frac{1}{C_{Ersatz}} = \frac{1}{C_1} + \frac{1}{C_2} + \dots + \frac{1}{C_n}$ 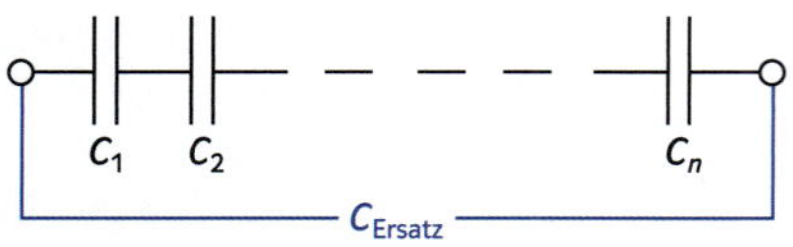 	Parallelschaltung von Kapazitäten: C_Ersatz = $C_1 + C_2 + \dots + C_n$ 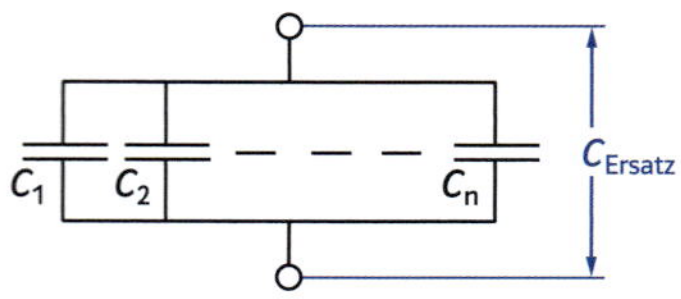 	
Kondensator	Kapazität des Plattenkondensators: $C = \varepsilon_0 \cdot \varepsilon_r \cdot \frac{A}{d}$ Feldstärke im Plattenkondensator: $E = \frac{U}{d}$ Energie des Plattenkondensators: $E_{elek} = \frac{1}{2} Q \cdot U = \frac{1}{2} C \cdot U^2$ Anziehungskraft zwischen Kondensatorplatten: $F = \frac{1}{2} \varepsilon_0 \cdot \varepsilon_r \cdot E^2 \cdot A = \frac{1}{2} Q \cdot E$ Kapazität eines Kugelkondensators: $C = 4\pi \cdot \varepsilon_0 \cdot \varepsilon_r \cdot \frac{r_1 \cdot r_2}{r_2 - r_1}$ Kapazität einer freistehenden Kugel: $C = 4\pi \cdot \varepsilon_0 \cdot \varepsilon_r \cdot r$	C Kapazität A Fläche einer Kondensatorplatte d Plattenabstand ε_0 elektrische Feldkonstante ε_r Permittivitätszahl E elektrische Feldstärke U Spannung E_{elek} Energie des elektrischen Feldes Q Ladung einer Platte F Kraft A Fläche einer Platte r_1, r_2 Radien der Kugelschalen r Radius der Kugel	F m^2 m $A \cdot s \cdot V^{-1} \cdot m^{-1}$ Zahl $V \cdot m^{-1}$ V J C N m^2 m m
elektrische Arbeit W	$W = Q \cdot U = U \cdot I \cdot t$ $W = Q \cdot \vec{E} \cdot \vec{s}$ $= Q \cdot E \cdot s \cdot \cos(\sphericalangle \vec{E}; \vec{s})$	W elektrische Arbeit Q transportierte Ladung U elektrische Spannung I elektrische Stromstärke t Zeitdauer des Stromes E elektrische Feldstärke s Weglänge im Feld	$J = W \cdot s$ C V A s $V \cdot m^{-1}$ m
elektrische Leistung P	$P = \frac{W}{t} = U \cdot I$ $P = \frac{U^2}{R} = I^2 \cdot R$	P elektrische Leistung t Zeitdauer der Umsetzung R elektrischer Widerstand	$W = J \cdot s^{-1}$ s Ω

Elektrischer Stromkreis

elektrischer Widerstand *R* *Ohm'scher Widerstand*	$R = \frac{U}{I}$ $R = \varrho \cdot \frac{l}{A}$	R Widerstand U Spannung I Stromstärke ϱ spezifischer Widerstand l Länge des Leiters A Querschnitt des Leiters	$\Omega = V \cdot A^{-1}$ V A $\Omega \cdot m$ m m^2
Schaltung von Widerständen	Reihenschaltung: $R_{Ersatz} = R_1 + R_2 + \ldots + R_n$	Parallelschaltung: $\frac{1}{R_{Ersatz}} = \frac{1}{R_1} + \frac{1}{R_2} + \ldots + \frac{1}{R_n}$	

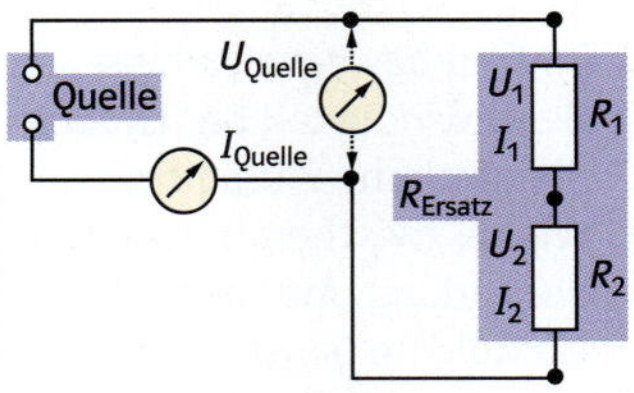

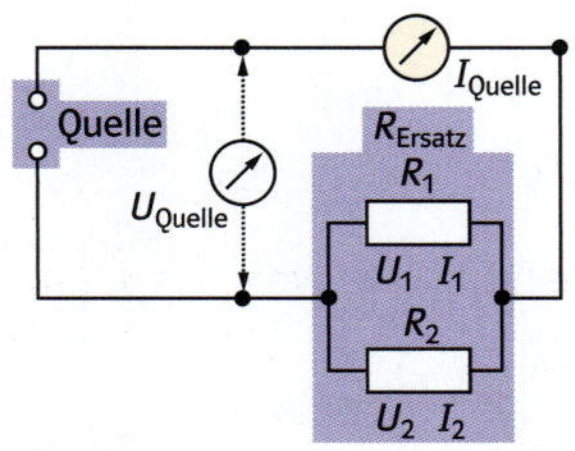

Kirchhoff'sche Regeln *Knotenregel* *Maschenregel*	$I = I_1 = I_2 = \ldots = I_n$ $U = U_1 + U_2 + \ldots + U_n$	$I = I_1 + I_2 + \ldots + I_n$ $U = U_1 = U_2 = \ldots = U_n$	
Spannungsteiler *Stromteiler*	Reihenschaltung: $\frac{U_1}{U_2} = \frac{R_1}{R_2}$ Parallelschaltung: $\frac{I_1}{I_2} = \frac{R_2}{R_1}$	R_{Ersatz} Ersatzwiderstand $R_1, \ldots, R_n$ Einzelwiderstände U Spannung der Quelle $U_1, \ldots, U_n$ Teilspannungen I Gesamtstromstärke $I_1, \ldots, I_n$ Teilstromstärken	Ω Ω V V A A
NTC- und PTC-Widerstände *NTC = negativer Temperatur-Coeffizient* *PTC = positiver Temperatur-Coeffizient*	Heißleiter (NTC): $R_H = R_0 \cdot e^{\left[a \cdot \left(\frac{1}{T} - \frac{1}{T_0}\right)\right]}$ Kaltleiter (PTC): $R_K = R_0 \cdot e^{[b \cdot (T - T_0)]}$	R_H Widerstand des Heißleiters bei der Betriebstemperatur T R_K Widerstand des Kaltleiters bei der Betriebstemperatur T R_0 Widerstand bei T_0 T_0 Nenntemperatur T Betriebstemperatur a, b Materialkonstanten	Ω Ω Ω K K K bzw. K^{-1}
Leitfähigkeit σ	Leitwert: $G = \frac{1}{R}$ Leitfähigkeit: $\sigma = \frac{1}{\varrho} = G \cdot \frac{l}{A}$ Leitfähigkeit von Metallen ► siehe S. 34	G Leitwert R Widerstand σ Leitfähigkeit ϱ spezifischer Widerstand l Länge des Leiters A Querschnitt des Leiters	Ω^{-1} Ω $\Omega^{-1} \cdot m^{-1}$ $\Omega \cdot m$ m m^2
Faraday'sche Gesetze *Faraday'sche Konstante F*	1. Gesetz: $m = \ddot{A} \cdot Q = \ddot{A} \cdot I \cdot t$ 2. Gesetz: $\ddot{A} = \frac{m}{F \cdot z \cdot n}$ mit $F = e \cdot N_A$	m Masse Q transportierte Ladung I Stromstärke t Zeitdauer $\ddot{A}$ Elektrochemisches Äquivalent z Wertigkeit der Ionen n Stoffmenge F Faraday'sche Konstante e Elementarladung N_A Avogadro-Konstante	kg C A s $kg \cdot C^{-1}$ Zahl mol $C \cdot mol^{-1}$ C mol^{-1}

Strom und Magnetfeld

Kraft $\vec{F}$ auf geraden Leiter *Drei-Finger-Regel der linken Hand*	$F = I \cdot l \cdot B \cdot \sin\varphi$ 	F Kraft auf Leiter I Stromstärke im Leiter l Länge des Leiters im Magnetfeld B magnetische Flussdichte φ Winkel zwischen den Richtungen von Elektronenstrom und Flussdichte ($\sin\varphi = 1$, wenn $\vec{I} \perp \vec{B}$)	N A m $T = V \cdot s \cdot m^{-2}$ Grad
Lorentzkraft $\vec{F_L}$ auf bewegte Ladung	$F_L = q \cdot v \cdot B \cdot \sin\varphi$ $U_{ind} = B \cdot l \cdot v$ 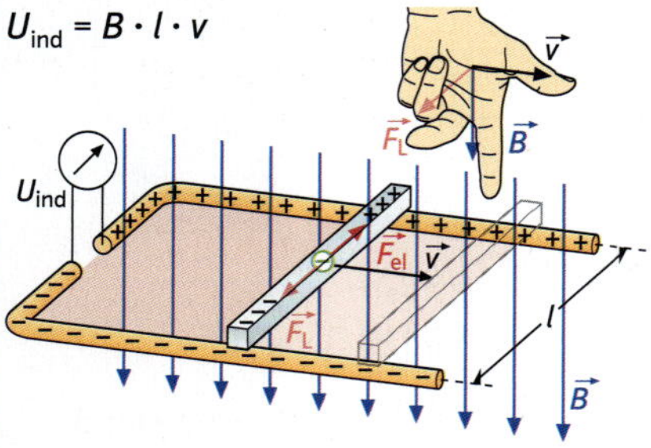	q im Feld bewegte Ladung v Geschwindigkeit der Ladung B magnetische Flussdichte φ Winkel zwischen Bewegungsrichtung der Ladung und magnetischer Flussdichte ($\sin\varphi = 1$, wenn $\vec{v} \perp \vec{B}$) F_{el} Kraft des Magnetfeldes auf bewegte Elektronen U_{ind} durch die Lorentzkraft zwischen den Leitern entstehende Spannung l Länge des im Feld bewegten Leiters	C $m \cdot s^{-1}$ T Grad N V m
Flussdichte $\vec{B}$ in der Umgebung eines Leiters 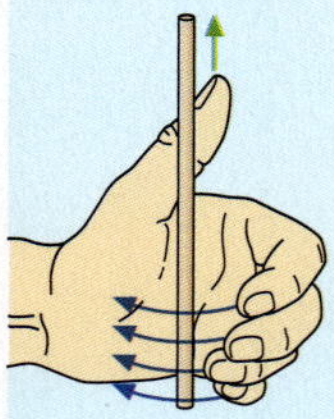 *Linke-Hand-Regel für Elektronenstromrichtung*	In der Umgebung eines geraden Leiters: $B = \mu_r \cdot \mu_0 \cdot \frac{I}{2\pi r}$ 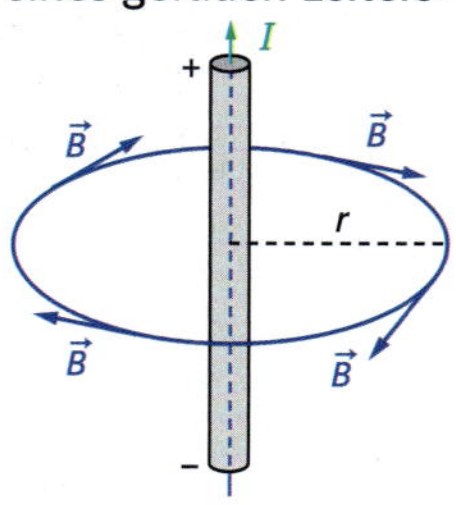 Im Innern einer langen Spule: $B = \mu_r \cdot \mu_0 \cdot I \cdot \frac{n}{l}$ Im Mittelpunkt eines kreisförmigen Leiters: $B = \mu_r \cdot \mu_0 \cdot \frac{I}{2R}$	B magnetische Flussdichte μ_r Permeabilitätszahl μ_0 magnetische Feldkonstante I Stromstärke im Leiter r Abstand von Leiterachse n Anzahl der Windungen im Feld l Länge der Spule R Radius des kreisförmigen Leiters	T Zahl $V \cdot s \cdot A^{-1} \cdot m^{-1}$ A m Zahl m m
Magnetischer Fluss Φ durch eine ebene Fläche	$\Phi = B \cdot A \cdot \cos\varphi$ $\Phi = B \cdot A_s$ 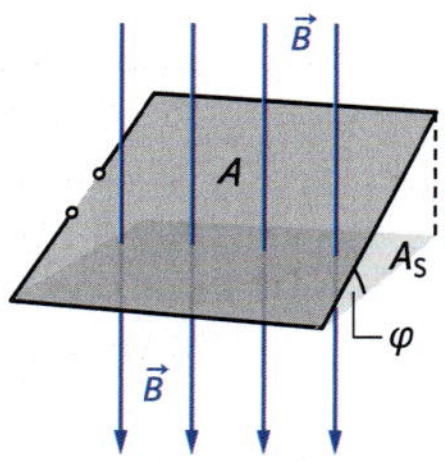	Φ magnetischer Fluss B magnetische Flussdichte A vom Fluss durchsetzte Fläche φ Winkel zwischen Fläche und magnetischer Flussdichte A_s Fläche $A \perp \vec{B}$	$Wb = V \cdot s$ T m^2 Zahl (Grad) m^2

...

Induktions-spannung U_{ind}	$U_{ind} = -n \cdot \frac{\Delta \Phi}{\Delta t}$ Momentanwert: $U_{ind} = -n \cdot \frac{d\Phi}{dt} = -n \cdot \dot{\Phi}$ Nach der Lenz'schen Regel haben U_{ind} und die Änderung des magnetischen Flusses Φ entgegengesetztes Vorzeichen. Im senkrecht zum homogenen Magnetfeld bewegten geraden Leiter gilt: $U_{ind} = B \cdot l \cdot v$	U_{ind} induzierte Spannung n Anzahl der Windungen der Spule Φ magnetischer Fluss t Zeitdauer B magnetische Flussdichte l Länge des Leiters v Geschwindigkeit	V Zahl Wb s T m $m \cdot s^{-1}$
Selbstinduktions-spannung U_{ind} *Lenz'sche Regel*	$U_{ind} = -L \cdot \frac{\Delta I}{\Delta t}$ Momentanwert: $U_{ind} = -L \cdot \frac{dI}{dt} = -L \cdot \dot{I}$ Induktionsspannung U_{ind} und der durch sie hervorgerufene Induktionsstrom I sind so gerichtet, dass sie ihrer Ursache entgegenwirken.	U_{ind} induzierte Spannung L Induktivität I zeitlich veränderliche Stromstärke in der Spule	V $H = V \cdot s \cdot A^{-1}$ A
Induktivität L einer langen Spule	$L = \mu_r \cdot \mu_0 \cdot \frac{n^2}{l} \cdot A$ 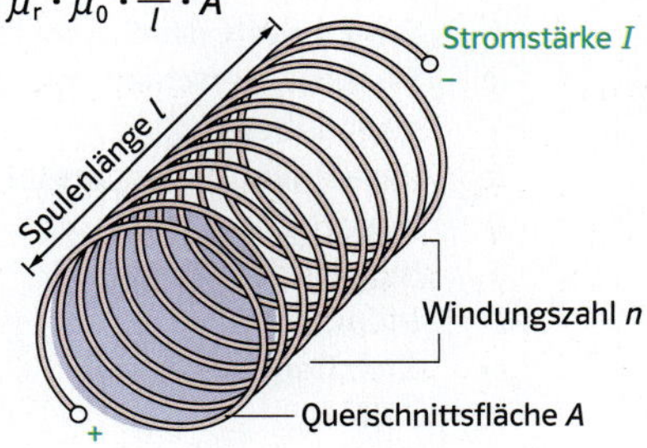 	L Induktivität μ_r Permeabilitätszahl μ_0 magnetische Feldkonstante n Anzahl der Windungen l Länge der Spule A Querschnittsfläche der Spule	H Zahl $V \cdot s \cdot A^{-1} \cdot m^{-1}$ Zahl m m^2
Reihenschaltung von Induktivitäten	$L_{Ersatz} = L_1 + L_2 + \ldots + L_n$	L_{Ersatz} Ersatzinduktivität	H
Parallelschaltung von Induktivitäten	$\frac{1}{L_{Ersatz}} = \frac{1}{L_1} + \frac{1}{L_2} + \ldots + \frac{1}{L_n}$	$L_1, L_2, \ldots L_n$ Einzelinduktivitäten	H
Energie E_{mag} des Magnetfeldes einer Spule	$E_{mag} = \frac{1}{2} L \cdot I^2$	E_{mag} Energie des Magnetfeldes im Spuleninneren L Induktivität der Spule I Stromstärke in Spule	J H A
Hall-Spannung U_H	$U_H = R_H \cdot \frac{I \cdot B}{d}$ mit $R_H = \frac{1}{n \cdot e}$ und $n = \frac{N}{V}$ 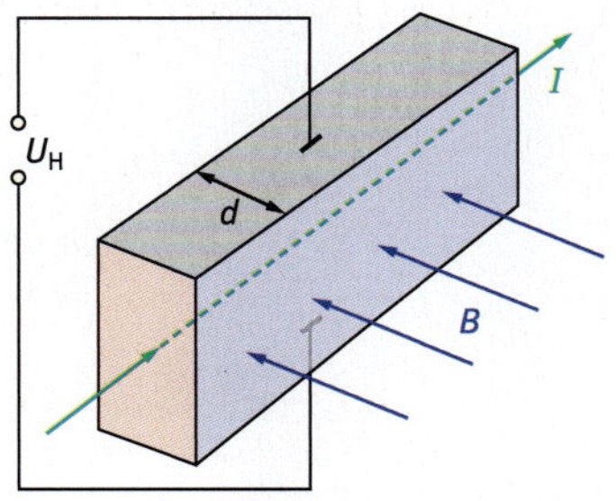 	U_H Hallspannung R_H Hall-Konstante I Stromstärke im Leiterplättchen der Sonde B magnetische Flussdichte d Dicke des Leiterplättchens in der Sonde n Konzentration der Ladungsträger e Elementarladung N Anzahl der Ladungsträger V Volumen	V $m^3 \cdot C^{-1}$ A T m m^{-3} C Zahl m^3

Wechselstromkreis

Momentanwert der Spannung $U(t)$	$U(t) = \hat{U} \cdot \sin(\omega \cdot t + \varphi_1)$	$U(t)$	Momentanwert der Spannung	V
		$I(t)$	Momentanwert der Stromstärke	A
Stromstärke $I(t)$	$I(t) = \hat{I} \cdot \sin(\omega \cdot t + \varphi_2)$	$\hat{U}$	Scheitelwert (Amplitude, Maximalwert) der Spannung	V
	mit $\omega = \frac{2\pi}{T} = 2\pi f$	$\hat{I}$	Scheitelwert (Amplitude, Maximalwert) der Stromstärke	A
Effektivwert der Spannung $U(t)$	$U_{eff} = \frac{\hat{U}}{\sqrt{2}} \approx 0{,}707 \cdot \hat{U}$	ω	Kreisfrequenz	s^{-1}
		t	Zeit	s
		φ_1, φ_2	Phasenlage	Zahl
		f	Frequenz	s^{-1}
Stromstärke $I(t)$	$I_{eff} = \frac{\hat{I}}{\sqrt{2}} \approx 0{,}707 \cdot \hat{I}$	T	Periodendauer	s
		U_{eff}	Effektivwert der Spannung	V
		I_{eff}	Effektivwert der Stromstärke	A
Ohm'scher Widerstand R_Ω	$R_\Omega = \frac{U(t)}{I(t)} = \frac{\hat{U}}{\hat{I}} = \frac{U_{eff}}{I_{eff}}$ mit $U(t) = \hat{U} \cdot \sin(\omega \cdot t)$, $I(t) = \hat{I} \cdot \sin(\omega \cdot t)$	R_Ω	Ohm'scher Widerstand	$\Omega = V \cdot A^{-1}$
	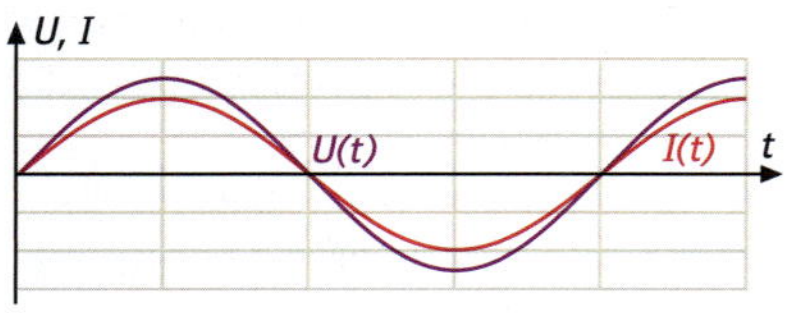 $\varphi_1 = \varphi_2 = 0$	$U(t)$	Momentanwert der Wechselspannung	V
		$\varphi, \varphi_1, \varphi_2$	Phasenlage	Zahl
		$\hat{U}$	Scheitelwert der Spannung	V
		U_{eff}	Effektivwert der Spannung	V
		$I(t)$	Momentanwert der Stromstärke	A
		$\hat{I}$	Scheitelwert der Stromstärke	A
		I_{eff}	Effektivwert der Stromstärke	A
		φ	Phasenunterschied von $I(t)$ gegenüber $U(t)$	Zahl
Kapazitiver Widerstand R_C	$R_C = \frac{\hat{U}}{\hat{I}} = \frac{U_{eff}}{I_{eff}} = \frac{1}{2\pi \cdot f \cdot C} = \frac{1}{\omega \cdot C}$	R_C	kapazitiver Widerstand	Ω
	mit $U(t) = \hat{U} \cdot \sin(\omega \cdot t)$, $I(t) = \hat{I} \cdot \sin(\omega \cdot t + \varphi)$	C	Kapazität	$F = A \cdot s \cdot V^{-1}$
	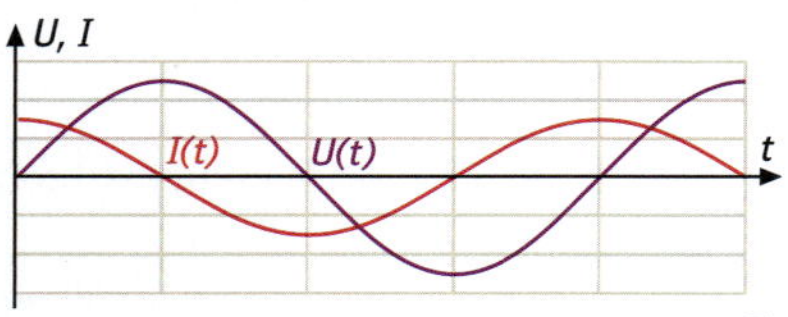 $\varphi = +\frac{\pi}{2}$	R_L	induktiver Widerstand	Ω
Induktiver Widerstand R_L	$R_L = \frac{\hat{U}}{\hat{I}} = \frac{U_{eff}}{I_{eff}} = 2\pi \cdot f \cdot L = \omega \cdot L$ mit $U(t) = \hat{U} \cdot \sin(\omega \cdot t)$, $I(t) = \hat{I} \cdot \sin(\omega \cdot t + \varphi)$	L	Induktivität	$H = V \cdot s \cdot A^{-1}$
	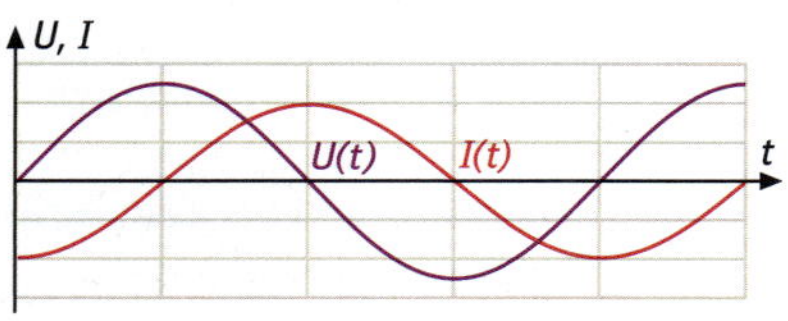 $\varphi = -\frac{\pi}{2}$	ω	Kreisfrequenz	s^{-1}
		t	Zeit	s
		f	Frequenz	s^{-1}

Wechselstromkreis

Schaltung von Widerständen	Reihenschaltung von R_Ω, R_C, R_L:	R_Ω	Ohm'scher Widerstand	$\Omega = V \cdot A^{-1}$
	Schaltplan: 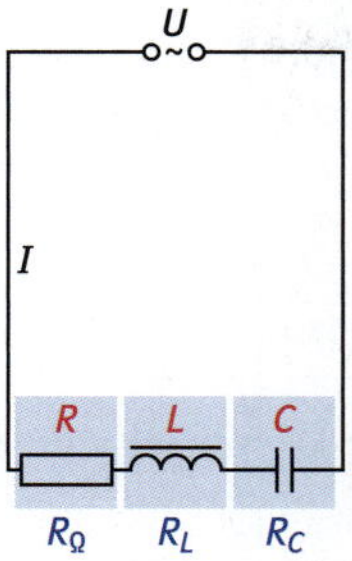 Zeigerdiagramm: 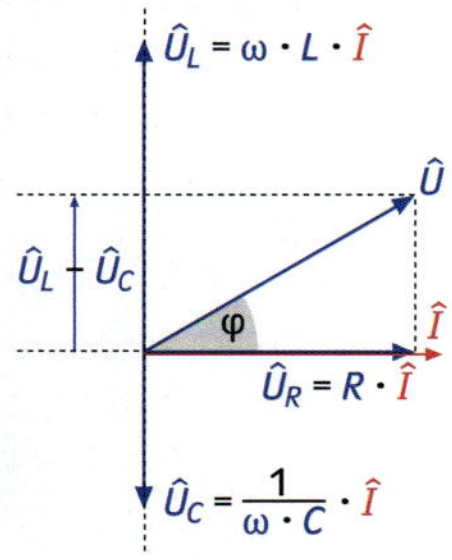	R_C	kapazitiver Widerstand	Ω
		R_L	induktiver Widerstand	Ω
	$U(t) = \hat{U} \cdot \sin(\omega \cdot t)$; $I(t) = \hat{I} \cdot \sin(\omega \cdot t - \varphi)$	Z	Ersatz(schein)widerstand	Ω
	$Z = \frac{\hat{U}}{\hat{I}} = \frac{U_{\text{eff}}}{I_{\text{eff}}} = \sqrt{R_\Omega^2 + \left(\omega \cdot L - \frac{1}{\omega \cdot C}\right)^2}$	$\hat{U}$	Scheitelwert der Spannung	V
		$U(t)$	Momentanwert der Spannung	V
		U_{eff}	Effektivwert der Spannung	V
		$\hat{I}$	Scheitelwert der Stromstärke	A
Phasenverschiebung	$\tan\varphi = \frac{\omega \cdot L - \frac{1}{\omega \cdot C}}{R}$	$I(t)$	Momentanwert der Stromstärke	A
		I_{eff}	Effektivwert der Stromstärke	A
	Parallelschaltung von R_Ω, R_C, R_L:	ω	Kreisfrequenz	s^{-1}
	Schaltplan: 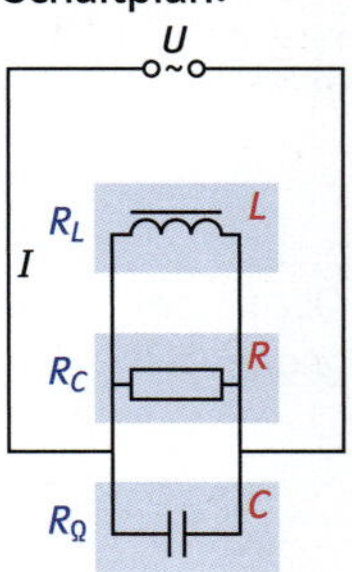 Zeigerdiagramm: 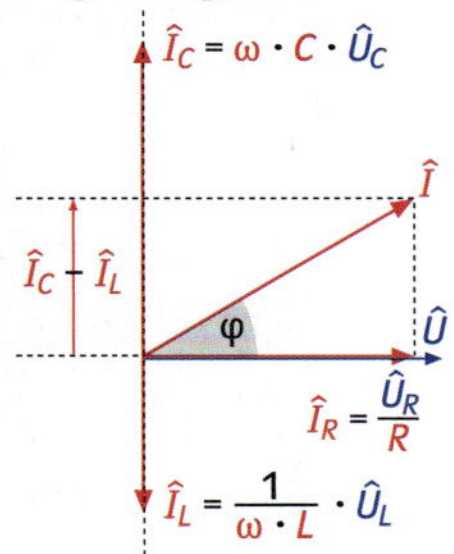	t	Zeitpunkt	s
		L	Induktivität	$H = V \cdot s \cdot A^{-1}$
		C	Kapazität	$F = A \cdot s \cdot V^{-1}$
		φ	Phasenverschiebung der Stromstärke gegenüber der Spannung	Zahl
	$U(t) = \hat{U} \cdot \sin(\omega \cdot t)$; $I(t) = \hat{I} \cdot \sin(\omega \cdot t + \varphi)$			
	$\frac{1}{Z} = \frac{\hat{I}}{\hat{U}} = \frac{I_{\text{eff}}}{U_{\text{eff}}} = \sqrt{\frac{1}{R_\Omega^2} + \left(\omega \cdot C - \frac{1}{\omega \cdot L}\right)^2}$			
Phasenverschiebung	$\tan\varphi = R \cdot \left(\omega \cdot C - \frac{1}{\omega \cdot L}\right)$			
Leistung	Wirkleistung: $P = U_{\text{eff}} \cdot I_{\text{eff}} \cdot \cos\varphi$	P	Wirkleistung	W
		U_{eff}	Effektivwert der Spannung	V
		I_{eff}	Effektivwert der Stromstärke	A
	Blindleistung: $Q = U_{\text{eff}} \cdot I_{\text{eff}} \cdot \sin\varphi$	$\cos\varphi$	Leistungsfaktor	Zahl
		Q	Blindleistung	W
		S	Scheinleistung	W
	Scheinleistung: $S = U_{\text{eff}} \cdot I_{\text{eff}} = \sqrt{P^2 + Q^2}$			
Transformator	Spannungsverhältnis:	U_1, U_2	Spannung an Primär- bzw. Sekundärspule	V
unbelastet	$\frac{U_1}{U_2} = \frac{N_1}{N_2}$	I_1, I_2	Stromstärke in Primär- bzw. Sekundärspule	A
	Stromstärkeverhältnis:	N_1, N_2	Windungszahl der Primär- bzw. Sekundärspule	Zahl
stark belastet	$\frac{I_1}{I_2} = \frac{N_2}{N_1}$			

Schwingungen und Wellen

Harmonischer Oszillator

Frequenz f *Schwingungsdauer T* *Kreisfrequenz ω*	$f = \frac{1}{T}$ $\omega = 2\pi \cdot f = \frac{2\pi}{T}$	f Frequenz T Schwingungsdauer (Periodendauer) ω Kreisfrequenz	s^{-1} s s^{-1}
Harmonischer Oszillator	**Ungedämpfte Schwingung:** 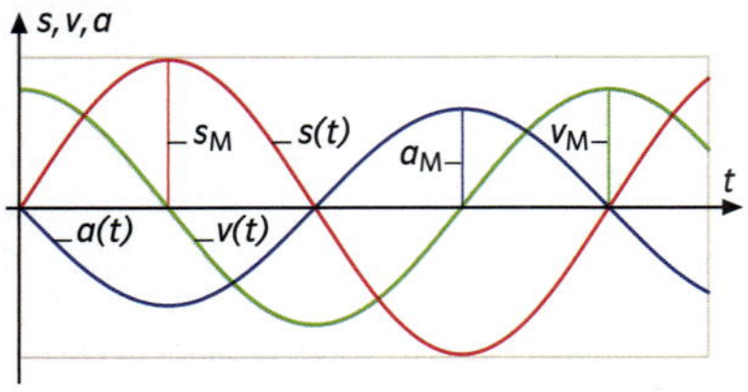	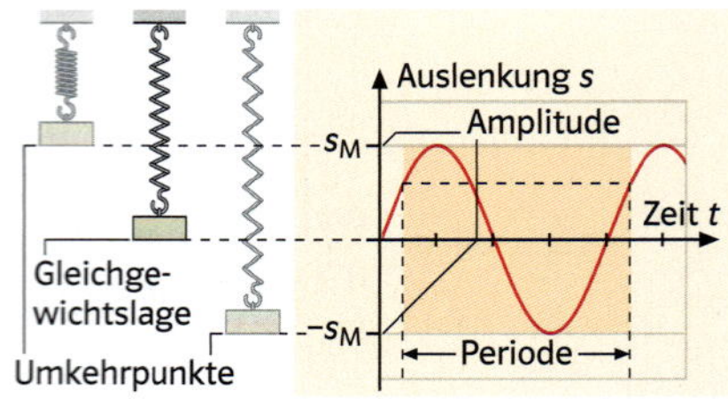	
Phase(-nwinkel)	Zeit-Weg-Gesetz: $s(t) = s_M \cdot \sin(\omega \cdot t + \Delta\varphi)$ $\varphi = \omega \cdot t + \Delta\varphi$	$s(t)$ Auslenkung s_M Amplitude (Schwingungsweite) t Zeit ω Kreisfrequenz φ Phase(-nwinkel) $\Delta\varphi$ Phasenverschiebung	m m s s^{-1} Zahl Zahl
	Zeit-Geschwindigkeit-Gesetz: $v(t) = s_M \cdot \omega \cdot \cos(\omega \cdot t + \Delta\varphi)$	$v(t)$ Geschwindigkeit	$m \cdot s^{-1}$
	Zeit-Beschleunigung-Gesetz: $a(t) = -s_M \cdot \omega^2 \cdot \sin(\omega \cdot t + \Delta\varphi)$	$a(t)$ Beschleunigung	$m \cdot s^{-2}$
	Lineares Kraftgesetz: $F(t) = -D \cdot s(t)$ mit $D = m \cdot \omega^2$	F Kraft	N
	Schwingungsdauer: $T = 2\pi \cdot \sqrt{\frac{m}{D}}$	m Masse des Oszillators T Schwingungsdauer D Richtgröße	kg s $N \cdot m^{-1}$
	Gedämpfte Schwingung: 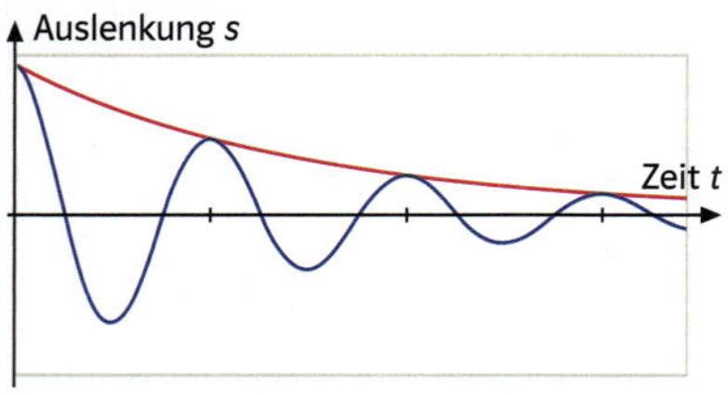		
Je größer die Dämpfung, desto kleiner ist die Amplitude gegenüber der einer ungedämpften Schwingung	Zeit-Weg-Gesetz: $s(t) = s_M \cdot e^{-\delta t} \cdot \sin(\omega t + \Delta\varphi)$ für F_R = konstant: $\hat{s}(t) - \hat{s}(t+T) = 2\frac{F_R}{D}$ für $F_R = -b \cdot v$ ist $\delta = \frac{b}{2m}$	δ Dämpfungsfaktor (Abklingfaktor) F_R Reibungskraft $\hat{s}(t)$, $\hat{s}(t+T)$ zwei aufeinander folgende Auslenkungen mit gleichem Phasenwinkel b Dämpfungskoeffizient	s^{-1} N m $kg \cdot s^{-1}$
Differenzialgleichung harmonischer Schwingungen	$m \cdot \ddot{s}(t) + D \cdot s(t) = 0$ mit $\omega = \sqrt{\frac{D}{m}}$ folgt: $\ddot{s}(t) + \omega^2 \cdot s(t) = 0$	m Masse des Oszillators D Richtgröße $s(t)$ Auslenkung $\ddot{s}(t)$ Beschleunigung ω Kreisfrequenz	kg $N \cdot m^{-1}$ m $m \cdot s^{-2}$ s^{-1}

Harmonischer Oszillator

Energie E des harmonischen Oszillators	$E_{ges} = E_{kin} + E_{pot}$ $= \frac{1}{2} m \cdot v(t)^2 + \frac{1}{2} D \cdot s(t)^2 = \frac{1}{2} D \cdot s_M^2$ $= 2\pi^2 \cdot m \cdot f^2 \cdot s_M^2$	E_{ges} Gesamtenergie E_{kin} kinetische Energie E_{pot} potenzielle Energie m Masse $v(t)$ Geschwindigkeit D Richtgröße $s(t)$ Auslenkung f Frequenz s_M Amplitude	J J J kg $m \cdot s^{-1}$ $N \cdot m^{-1}$ m s^{-1} m
Federpendel *(reibungsfrei)*	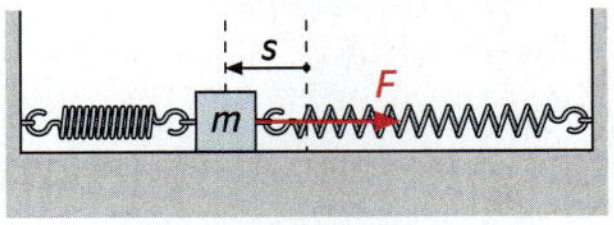 $F = -D \cdot s;\ T = 2\pi \cdot \sqrt{\frac{m}{D}}$	F Kraft D Richtgröße s Auslenkung T Schwingungsdauer m Masse	N $N \cdot m^{-1}$ m s kg
Fadenpendel *(reibungsfrei)*	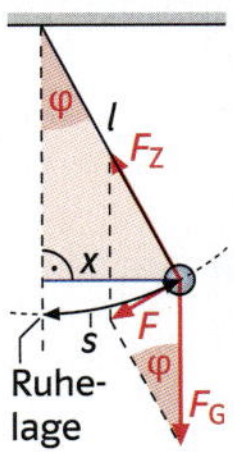 $F = -\frac{m \cdot g}{l} \cdot x$ $T = 2\pi \cdot \sqrt{\frac{l}{g}}$	F Kraft m Masse g Fallbeschleunigung l Pendel-(Faden-)länge $x \approx s$ Auslenkung für kleines φ T Schwingungsdauer	N kg $m \cdot s^{-2}$ m m s

Mechanische Wellen

Ausbreitungs-geschwindigkeit c	$c = \lambda \cdot f = \frac{\lambda}{T}$	c Ausbreitungsgeschwindigkeit (Phasengeschwindigkeit) λ Wellenlänge f Frequenz	$m \cdot s^{-1}$ m s^{-1}
Wellengleichung bei harmonischen Oszillatoren *Phasensprung λ/2 bei Reflexion am festen Ende*	$s(t) = s_M \cdot \sin\left[2\pi \cdot \left(\frac{t}{T} - \frac{x}{\lambda}\right)\right]$ stehende Welle: $s(t) = 2 s_M \cdot \cos\left(\frac{2\pi}{\lambda} \cdot x\right) \cdot \sin\left(\frac{2\pi}{T} \cdot t\right)$	$s(t)$ Auslenkung s_M Amplitude t Zeitpunkt T Schwingungsdauer x Ort λ Wellenlänge	m m s s m m
Intensität I	$I = \frac{\Delta E}{A \cdot \Delta t} = 2\pi^2 \cdot \varrho \cdot c \cdot s_M^2 \cdot f^2$ (bei Seilwelle $\varrho = m/l$ in $kg \cdot m^{-1}$)	I Intensität (mittlere Leistung pro Fläche) ϱ Dichte	$J \cdot m^{-2} \cdot s^{-1}$ $kg \cdot m^{-3}$
Doppler-Effekt *jeweils oberes Vorzeichen für Annäherung, unteres Vorzeichen für Entfernung*	Sender ruhend – Empfänger bewegt: $f' = f \cdot \left(1 \pm \frac{v_E}{c}\right)$ Sender bewegt – Empfänger ruhend: $f' = f \cdot \left(\frac{1}{1 \mp \frac{v_S}{c}}\right)$ Sender und Empfänger bewegt: $f' = f \cdot \left(\frac{c \pm v_E}{c \mp v_S}\right)$	f Frequenz des Senders f' Frequenz des Empfängers v_E Geschwindigkeit des Empfängers v_S Geschwindigkeit des Senders c Schallgeschwindigkeit	s^{-1} s^{-1} $m \cdot s^{-1}$ $m \cdot s^{-1}$ $m \cdot s^{-1}$

Schwingkreis

Kondensator Laden/Entladen	Laden: $U(t) = \hat{U} \cdot (1 - e^{-[t/(R \cdot C)]})$ $I(t) = \hat{I} \cdot e^{-[t/(R \cdot C)]}$ Entladen: $U(t) = \hat{U} \cdot e^{-[t/(R \cdot C)]}$ $I(t) = -\hat{I} \cdot e^{-[t/(R \cdot C)]}$ $\hat{U} = R \cdot \hat{I}$	$U(t)$ $\hat{U}$ t R C $R \cdot C$ $I(t)$ $\hat{I}$	Spannung zur Zeit t Maximalspannung Zeitpunkt Widerstand Kapazität Zeitkonstante Stromstärke zur Zeit t Maximalstromstärke	V V s Ω F s A A
Thomson'sche Schwingungsgleichung	ungedämpft: $f = \frac{1}{T} = \frac{1}{2\pi \cdot \sqrt{L \cdot C}}$  gedämpft: $f = \frac{1}{2\pi} \cdot \sqrt{\frac{1}{L \cdot C} - \left(\frac{R}{2L}\right)^2}$ 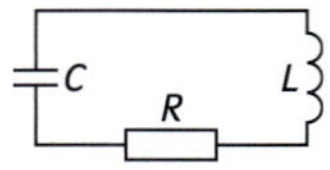	T L C f R $\frac{R}{2L}$	Schwingungsdauer Induktivität Kapazität Eigenfrequenz des Schwingkreises Ohm'scher Widerstand Abklingkoeffizient	s $H = V \cdot s \cdot A^{-1}$ $F = C \cdot V^{-1}$ s^{-1} Ω s^{-1}
Schwingungsvorgang	Differenzialgleichung der ungedämpften Schwingung: $(L \cdot C) \cdot \ddot{Q} + Q = 0$ Lösung mit $\omega = \sqrt{\frac{1}{L \cdot C}}$: $Q(t) = \hat{Q} \cdot \sin(\omega \cdot t + \varphi_0) = C \cdot U(t)$ $\dot{Q}(t) = I(t) = \hat{I} \cdot \cos(\omega \cdot t + \varphi_0) = C \cdot \dot{U}(t)$ mit $\hat{I} = \hat{Q} \cdot \omega$	Q $\hat{Q}$ ω t $\hat{I}$	Ladung auf einer Kondensatorplatte maximale Ladung Kreisfrequenz Zeitpunkt maximale Stromstärke	C C s^{-1} s A

Elektromagnetische Wellen

Ausbreitungsgeschwindigkeit *c*	$c = \sqrt{\frac{1}{\varepsilon_r \cdot \varepsilon_0 \cdot \mu_r \cdot \mu_0}}$ im Vakuum ist $\varepsilon_r = \mu_r = 1$	c ε_r ε_0 μ_r μ_0	Lichtgeschwindigkeit Permittivitätszahl elektrische Feldkonstante Permeabilitätszahl magnetische Feldkonstante	$m \cdot s^{-1}$ Zahl $A \cdot s \cdot V^{-1} \cdot m^{-1}$ Zahl $V \cdot s \cdot A^{-1} \cdot m^{-1}$
Dipol	Sender – Eigenfrequenz: $f = \frac{c}{2l}$ Empfänger – optimale Länge: $l = k \cdot \frac{\lambda}{2}$ für $k = 1, 2, 3, \ldots$	f c l λ	Eigenfrequenz des Dipols Lichtgeschwindigkeit Länge des Dipols Wellenlänge der zu empfangenden Welle	s^{-1} $m \cdot s^{-1}$ m m
Maxwell'sche Gleichungen *∮ bei 1. und 2.: Integral über eine geschlossene Fläche* *∮ bei 3. und 4.: Integral über eine geschlossene Kurve*	1. $\oint \varepsilon_0 \cdot \varepsilon_r \cdot \vec{E} \cdot d\vec{A} = q$ 2. $\oint \vec{B} \cdot d\vec{A} = 0$ 3. $\oint \vec{E} \cdot d\vec{s} = -\dot{\Phi}$ 4. $\oint \vec{B} \cdot d\vec{s} = \mu_0 \cdot I + \mu_0 \cdot \varepsilon_0 \cdot \dot{\Psi}$ mit $\Psi = A \cdot E$ und $\Phi = A \cdot B$ für konstante A und B	A E B q s I Ψ Φ ε_0 μ_0 ε_r	Fläche elektrische Feldstärke magnetische Flussdichte eingeschlossene freie Ladung Weg Stromstärke elektrischer Fluss magnetischer Fluss elektrische Feldkonstante magnetische Feldkonstante Permittivitätszahl	m^{-2} $N \cdot C^{-1}$ $T = V \cdot s \cdot m^{-2}$ C m A $A \cdot s$ $V \cdot s$ $A \cdot s \cdot V^{-1} \cdot m^{-1}$ $V \cdot s \cdot A^{-1} \cdot m^{-1}$ Zahl

Optik

Strahlen-Optik

Reflexionsgesetz	1. Einfallender Strahl, Einfallslot und reflektierter Strahl liegen in einer Ebene. 2. Einfallswinkel α und Reflexionswinkel α' sind gleich groß: $\alpha = \alpha'$ 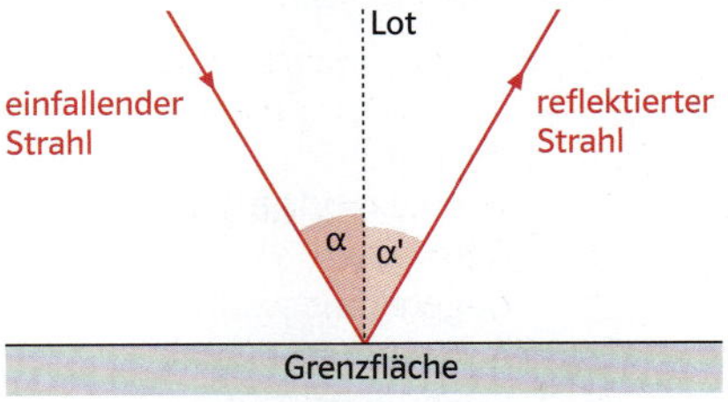 	α Einfallswinkel α' Reflexionswinkel	Zahl (Grad) Zahl (Grad)
Brechungsgesetz *Brechzahl*	1. Einfallender Strahl, Einfallslot und gebrochener Strahl liegen in einer Ebene. 2. $\frac{\sin\alpha_1}{\sin\alpha_2} = \frac{c_1}{c_2} = \frac{n_2}{n_1}$ 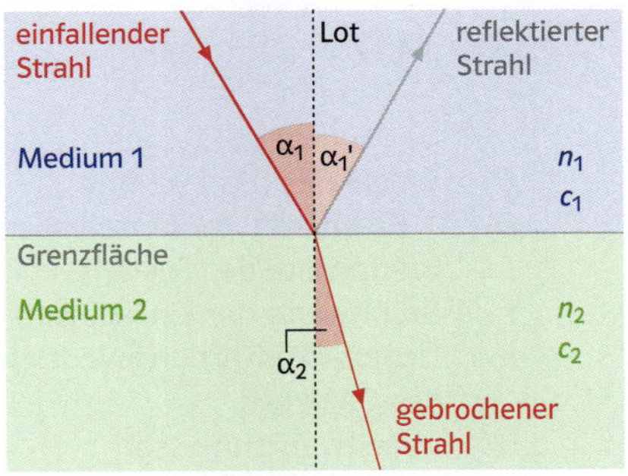 für $c_1 = c_0$ ist $n_1 = 1$ und es gilt: $\frac{\sin\alpha_1}{\sin\alpha_2} = \frac{c_0}{c_2} = n_2 = n$ Ein Medium heißt optisch dichter als ein anderes, wenn seine Brechzahl n größer als die des anderen ist.	α_1 Einfallswinkel α_1' Reflexionswinkel α_2 Brechungswinkel c_1 Lichtgeschwindigkeit in Medium 1 c_2 Lichtgeschwindigkeit in Medium 2 n_1 Brechzahl des Mediums 1 gegenüber Vakuum n_2 Brechzahl des Mediums 2 gegenüber Vakuum c_0 Lichtgeschwindigkeit im Vakuum (Luft) n Brechzahl des Mediums gegenüber Vakuum (Luft)	Zahl (Grad) Zahl (Grad) Zahl (Grad) $m \cdot s^{-1}$ $m \cdot s^{-1}$ Zahl Zahl $m \cdot s^{-1}$ Zahl
Totalreflexion *Grenzwinkel*	$\sin\alpha_G = \frac{c_2}{c_1} = \frac{n_1}{n_2}$ für $n_1 < n_2$ 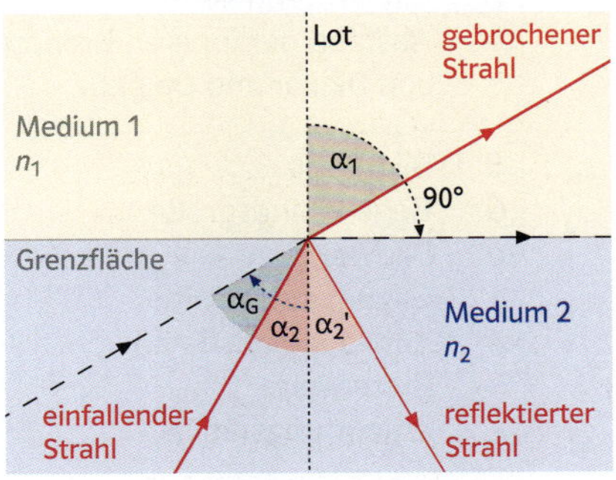 	α_G Grenzwinkel bei $\alpha_1 = 90°$ c_1 Lichtgeschwindigkeit in Medium 1 c_2 Lichtgeschwindigkeit in Medium 2 n_1 Brechzahl des optisch dünneren Mediums 1 gegenüber Vakuum n_2 Brechzahl des optisch dichteren Mediums 2 gegenüber Vakuum	Zahl (Grad) $m \cdot s^{-1}$ $m \cdot s^{-1}$ Zahl Zahl

...

Lochkamera	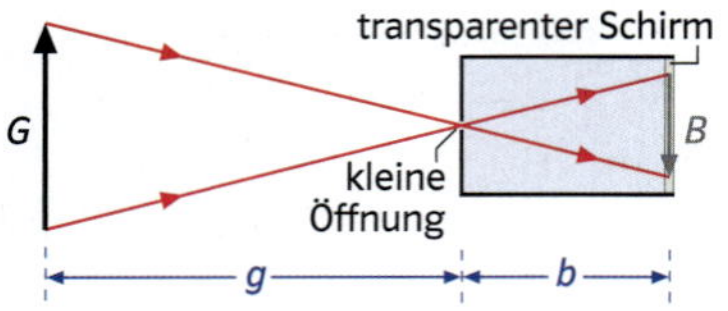 $\frac{B}{G} = \frac{b}{g} = A$	A Abbildungsmaßstab B Bildgröße G Gegenstandsgröße b Bildweite g Gegenstandsweite	Zahl m m m m
(dünne) Linsen *Abbildungsmaßstab* *Linsengleichung* *Newton'sche Formel* *Brechkraft* *Brennweite*	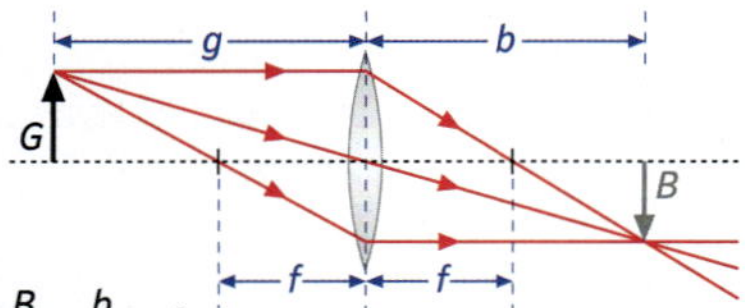 $\frac{B}{G} = \frac{b}{g} = A$ $\frac{1}{f} = \frac{1}{g} + \frac{1}{b}$ $(g - f) \cdot (b - f) = f^2$ $D = \frac{1}{f}$ $\frac{1}{f} = (n - 1) \cdot \left(\frac{1}{r_1} + \frac{1}{r_2}\right)$	B Bildgröße G Gegenstandsgröße b Bildweite g Gegenstandsweite A Abbildungsmaßstab f Brennweite D Brechkraft der Linse n Brechzahl des Linsenmaterials r_1, r_2 Krümmungsradien der Linsenflächen	m m m m Zahl m dpt = m^{-1} Zahl m
Linsensysteme *(für dünne Linsen)* *Lichtstärke eines Objektivs*	$D = D_1 + D_2$ $\frac{1}{f} = \frac{1}{f_1} + \frac{1}{f_2}$ $k = \frac{d}{f}$	D Brechkraft des Systems D_1, D_2 Brechkraft der Einzellinsen f Brennweite des Systems f_1, f_2 Brennweite der Einzellinsen k Lichtstärke (Öffnungsverhältnis) des Objektivs d Objektivdurchmesser	dpt = m^{-1} m^{-1} m m Zahl m
Vergrößerung optischer Geräte	$V = \frac{\tan \alpha_G}{\tan \alpha_0}$ 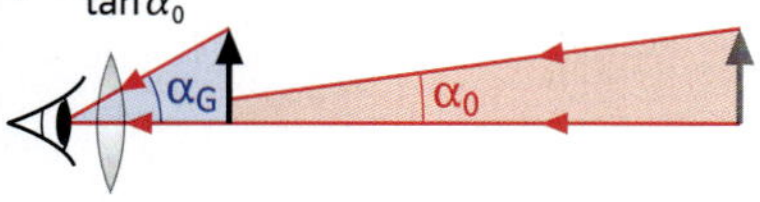 Lupe: $V = \frac{s_0}{f}$ mit $s_0 = 25\,\text{cm}$ Fernrohr: $V = \frac{f_{Obj}}{f_{Oku}}$ Mikroskop: $V = \frac{b \cdot s_0}{f_{Obj} \cdot f_{Oku}}$	V Vergrößerung α_G Sehwinkel mit Gerät α_0 Sehwinkel mit bloßem Auge s_0 deutliche Sehweite f Brennweite der Lupe f_{Obj} Objektivbrennweite f_{Oku} Okularbrennweite b Abstand der inneren Brennpunkte von Okular und Objektiv	Zahl Zahl (Grad) Zahl (Grad) m m m m m
(kugelförmige) Spiegel	$\frac{B}{G} = \frac{b}{g} = A$ $\frac{1}{f} = \frac{1}{g} + \frac{1}{b}$ mit $f = \pm\frac{r}{2}$ 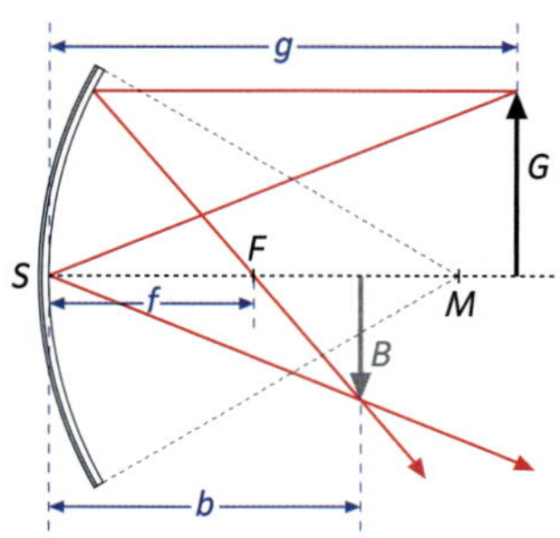 Vorzeichen von f bei Hohlspiegeln: + bei Wölbspiegeln: −	B Bildgröße G Gegenstandsgröße b Bildweite g Gegenstandsweite A Abbildungsmaßstab f Brennweite r Krümmungsradius	m m m m Zahl m m

Wellen-Optik

Ausbreitungs-geschwindigkeit c	$c = \lambda \cdot f$ beim Übergang von Medium 1 in Medium 2: $f_1 = f_2$ bzw. $\frac{\lambda_1}{\lambda_2} = \frac{c_1}{c_2}$	c Lichtgeschwindigkeit λ Wellenlänge des Lichtes f Frequenz des Lichtes c_1, c_2 Lichtgeschwindigkeit in Medium 1 bzw. 2 f_1, f_2 Frequenz in Medium 1 bzw. 2 λ_1, λ_2 Wellenlänge in Medium 1 bzw. 2	$m \cdot s^{-1}$ m $Hz = s^{-1}$ $m \cdot s^{-1}$ $Hz = s^{-1}$ m
Optische Weglänge *Phasensprung*	ohne Reflexion an einem dichteren Medium: $s_{opt} = s_{geo} \cdot n$ mit Reflexion an einem dichteren Medium: $s_{opt} = s_{geo} \cdot n + \frac{\lambda}{2}$	s_{opt} optischer Lichtweg s_{geo} geometrischer Lichtweg n Brechzahl des Ausbreitungsmediums λ Wellenlänge im Ausbreitungsmedium	m m Zahl m
Interferenz *Interferenz kohärenter Wellen (gleiche Wellenlänge, konstante Phasenbeziehung)*	$\Delta s_{opt} = s_{opt1} - s_{opt2}$ Phasenverschiebung: $\Delta\varphi = \frac{2\pi}{\lambda} \cdot \Delta s_{opt}$ für Interferenzmaxima (Verstärkung): $\Delta s_{opt} = k \cdot \lambda$ mit $k = 0, 1, 2, 3, \ldots$ für Interferenzminima (Auslöschung): $\Delta s_{opt} = \left(k + \frac{1}{2}\right) \cdot \lambda$ mit $k = 0, 1, 2, 3, \ldots$	Δs_{opt} Gangunterschied $s_{opt\,1}, s_{opt\,2}$ optischer Lichtweg von Strahl 1 bzw. 2 $\Delta\varphi$ Phasenverschiebung λ Wellenlänge im Ausbreitungsmedium	m m Zahl m
Interferenz beim Einzelspalt	für $k = 1, 2, 3, \ldots$ Minima der Intensität: $\sin\alpha_k = \frac{k \cdot \lambda}{b}$ Maxima der Intensität: $\sin\alpha_k = \frac{\left(k + \frac{1}{2}\right) \cdot \lambda}{b}$ 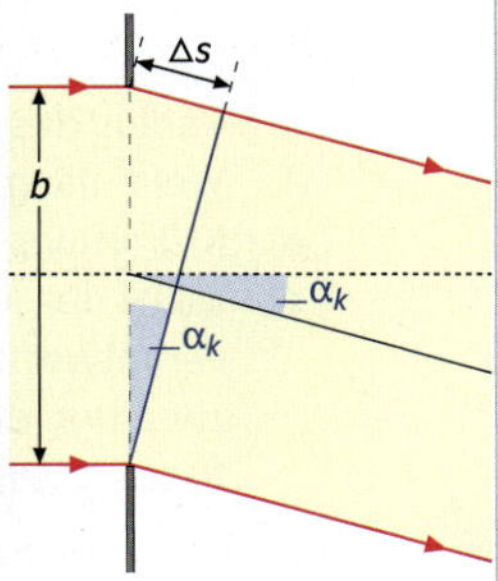	α_k Beugungswinkel λ Wellenlänge im Ausbreitungsmedium b Spaltbreite	Zahl m m
Interferenz beim Doppelspalt	für $k = 0, 1, 2, 3, \ldots$ Maxima der Intensität: $\sin\alpha_k = \frac{k \cdot \lambda}{g}$ Minima der Intensität: $\sin\alpha_k = \frac{\left(k + \frac{1}{2}\right) \cdot \lambda}{g}$ 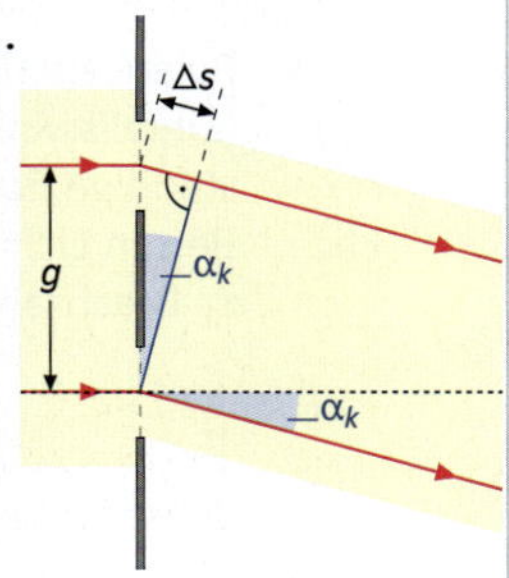	α_k Beugungswinkel λ Wellenlänge im Ausbreitungsmedium g Abstand der Spaltmitten	Zahl m m

Interferenz beim Gitter	für $k = 0, 1, 2, 3, \dots$ Hauptmaxima der Intensität: $\sin\alpha_k = \frac{k \cdot \lambda}{g}$ sowie $\tan\alpha_k = \frac{a_k}{l}$ 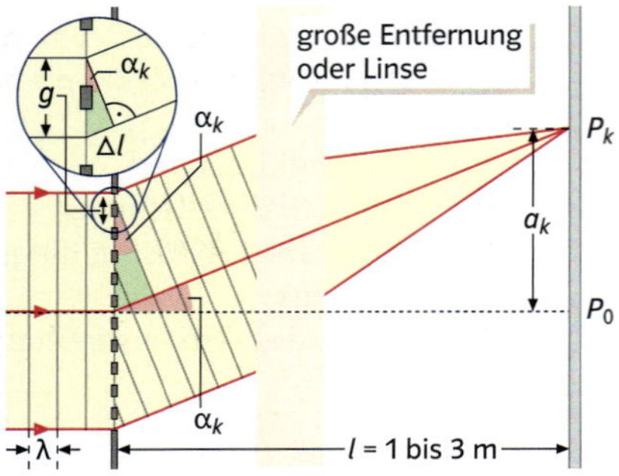	α_k Beugungswinkel für k-te Hauptmaximum λ Wellenlänge im Ausbreitungsmedium g Gitterkonstante a_k Abstand des Maximums k-ter Ordnung vom Maximum 0-ter Ordnung l Entfernung des Gitters vom Schirm	Zahl m m m m
Interferenz an dünnen Schichten *im durchgehenden Licht betrachtet sind die Beziehungen für Maxima/Minima vertauscht*	im reflektierten Licht bei senkrechtem Einfall: Maxima für $k = 0, 1, 2, 3, \dots$ $d = \frac{2k+1}{n} \cdot \frac{\lambda}{4}$ Minima für $k = 1, 2, 3, \dots$ $d = \frac{2k}{n} \cdot \frac{\lambda}{4}$ 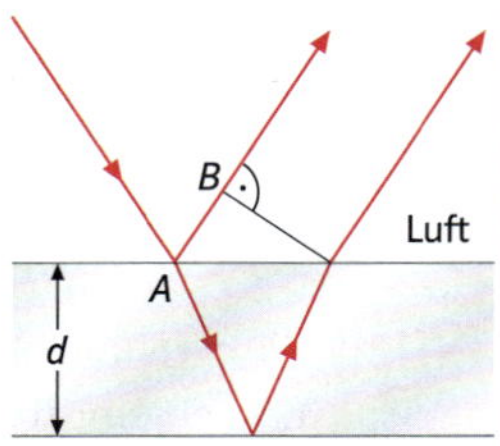	d Schichtdicke n Brechzahl der Schicht λ Wellenlänge in Luft	m Zahl m
Newton'sche Ringe	Minima im reflektierten Licht bei senkrechtem Einfall: $r_k^2 = k \cdot \lambda \cdot R$ $d_k = \frac{r_k^2}{2R}$ mit $k = 1, 2, 3, \dots$ 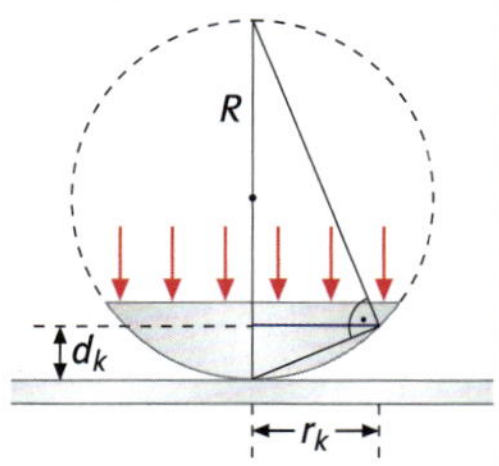	r_k Radius des k-ten dunklen Ringes λ Wellenlänge in Luft R Krümmungsradius der Linse d_k Dicke der für den Gangunterschied verantwortlichen Luftschicht zwischen den reflektierenden Grenzflächen beim k-ten Maximum	m m m m
Polarisation	Brewster'sches Gesetz: $\tan\alpha_P = \frac{n_2}{n_1}$ 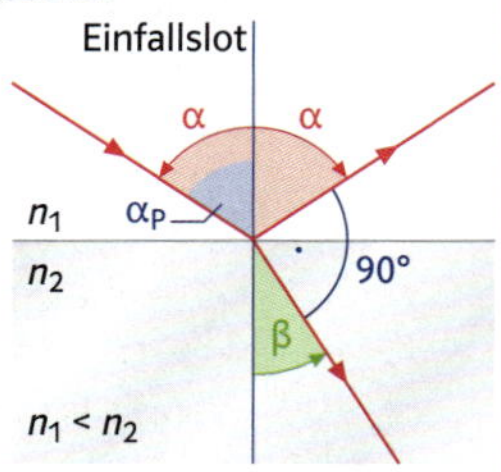	α_P Polarisationswinkel (Einfallswinkel, bei dem eine vollständige Polarisation des reflektierten Lichtes eintritt) n_1, n_2 Brechzahl von Medium 1 bzw. 2	Zahl (Grad) Zahl
Optischer Doppler-Effekt im Vakuum	$f' = f \cdot \sqrt{\frac{c \pm v}{c \mp v}}$ – bei Annäherung gilt jeweils das obere Vorzeichen, – bei Entfernung gilt jeweils das untere Vorzeichen	f Frequenz der Lichtquelle f' Frequenz des Lichtes beim Empfänger v Relativgeschwindigkeit c Lichtgeschwindigkeit	s^{-1} s^{-1} $m \cdot s^{-1}$ $m \cdot s^{-1}$

Strahlungsenergie

Lichtstärke I_V *Lichtmenge*	$I_V = \frac{\Phi_V}{\Omega}$ $Q = \Phi_V \cdot t$	I_V Lichtstärke (Strahlungsleistung pro Raumwinkel) Φ_V Lichtstrom (Strahlungsleistung mal Raumwinkel) Ω Raumwinkel (Steradiant) Q Lichtmenge (Strahlungsenergie) t Strahlungsdauer	cd $[\frac{1}{683}\,W \cdot sr^{-1}]$ $lm = cd \cdot sr$ Zahl (sr) $lm \cdot s\ [W \cdot s]$ s
Lichtstrom Φ_V	$\Phi_V = E \cdot A$	Φ_V Lichtstrom E Beleuchtungsstärke A beleuchtete Fläche	lm $lx = lm \cdot m^{-2}$ m^2
Beleuchtungs-stärke E *Solarkonstante* *Astronomie*	$E = \frac{I_V}{r^2}$ $S = 1{,}368 \cdot 10^3\ \frac{W}{m^2}$ Leuchtkraft der Sonne: $L_S = 4\pi \cdot r^2 \cdot S = 4\pi \cdot R_S^2 \cdot \sigma \cdot T_S^4$ wobei: $r = 1{,}5 \cdot 10^{11}\,m$ (Abstand Sonne – Erde) $R_S = 6{,}95 \cdot 10^8\,m$ (Radius der Sonne) $T_S = 6\,000\,K$ (Temperatur der Sonnenoberfläche)	E Beleuchtungsstärke (Intensität) I_V Lichtstärke r Abstand der Lichtquelle von der bestrahlten Fläche S Solarkonstante L_S Strahlungsleistung (Leuchtkraft) der Sonne im Abstand r der Erde σ Stefan-Boltzmann-Konstante	$lx\ [W \cdot m^{-2}]$ cd m $W \cdot m^{-2}$ W $W \cdot m^{-2} \cdot K^{-4}$
Strahlungsleistung *scheinbare Helligkeit*	$\Phi_V = \frac{Q}{t}$ Sterne in der astronomischen Größenklasseneinheit mag: $m_1 - m_2 = -2{,}5\,\text{mag} \cdot \log \frac{\Phi_{V1}}{\Phi_{V2}}$	Φ_V Strahlungsleistung Q Strahlungsenergie t Strahlungsdauer m_1, m_2 scheinbare Helligkeit zweier Sterne am selben Ort gemessen	W J s mag
Stefan-Boltzmann'sches Gesetz	$\Phi_V = \varepsilon \cdot \sigma \cdot T^4 \cdot A$ $(\sigma = 5{,}760 \cdot 10^{-8}\,W \cdot m^{-2} \cdot K^{-4})$	Φ_V Strahlungsleistung ε Emissionsgrad σ Stefan-Boltzmann-Konstante T Temperatur des Strahlers A abstrahlende Fläche	W Zahl $W \cdot m^{-2} \cdot K^{-4}$ K m^2
Wien'sches Verschiebungs-gesetz	$\lambda_{max} \cdot T = 2{,}898 \cdot 10^{-3}\,m \cdot K$	λ_{max} Wellenlänge für das Maximum einer spektralen Verteilung T Temperatur des Strahlers	m K
Planck'sches Strahlungsgesetz *Strahlung eines schwarzen Strahlers (Hohlraumstrahlung)*	Energiestromdichte: (proportional zum Strahlungsdruck) $u = \frac{8\pi}{c^3} \cdot \frac{h \cdot f^3}{e^{[(h \cdot f)/(k \cdot T)]} - 1}$ $(h = 6{,}626 \cdot 10^{-34}\,J \cdot s)$	u Energie pro Frequenz und Fläche f Strahlungsfrequenz T Gleichgewichtstemperatur des Strahlers c Lichtgeschwindigkeit k Boltzmann-Konstante h Planck'sche Konstante	$J \cdot m^{-2} \cdot s^{-1}$ s^{-1} K $m \cdot s^{-1}$ $J \cdot K^{-1}$ $J \cdot s$

Quantenobjekte

Photon – Elektron

Quantenobjekt	Energie E des Photons: $E = h \cdot f$ Energie E des Elektrons: $E = \frac{1}{2} m \cdot v^2 = e \cdot U_B$ Masse m des Photons: $m = \frac{E}{c^2} = \frac{h \cdot f}{c^2} = \frac{h}{c \cdot \lambda}$ Impuls p des Photons: $p = \frac{E}{c} = \frac{h \cdot f}{c} = \frac{h}{\lambda}$ De-Broglie-Wellenlänge λ für Elektronen: $\lambda = \frac{h}{p}$	E Energie h Planck'sche Konstante f Frequenz m Masse v Geschwindigkeit des Elektrons e Elementarladung U_B Beschleunigungsspannung c Lichtgeschwindigkeit λ Wellenlänge p Impuls	J J · s $Hz = s^{-1}$ kg $m \cdot s^{-1}$ C $V = J \cdot C^{-1}$ $m \cdot s^{-1}$ m $kg \cdot m \cdot s^{-1}$
Fotoeffekt	insgesamt vom Licht übertragene Energie: $h \cdot f = E_{k,max} + W_A$ ($h = 6{,}626 \cdot 10^{-34}$ J · s)	h Planck'sche Konstante f Frequenz des Lichtes $E_{k,max}$ maximale kinetische Energie des ausgelösten (freien) Elektrons W_A materialabhängige Arbeit zum Herauslösen des Elektrons	J · s $Hz = s^{-1}$ J J
Röntgenbremsstrahlung *Bragg-Bedingung: Interferenzmaxima der an den Netzebenen des Kristalls gebeugten Röntgenstrahlung*	$f_G = \frac{e \cdot U_B}{h}$ bzw. $\lambda_G = \frac{c}{f_G} = \frac{c \cdot h}{e \cdot U_B}$ Interferenzmaxima: $2a \cdot \sin\delta_k = k \cdot \lambda$ für $k = 1, 2, 3, \ldots$ 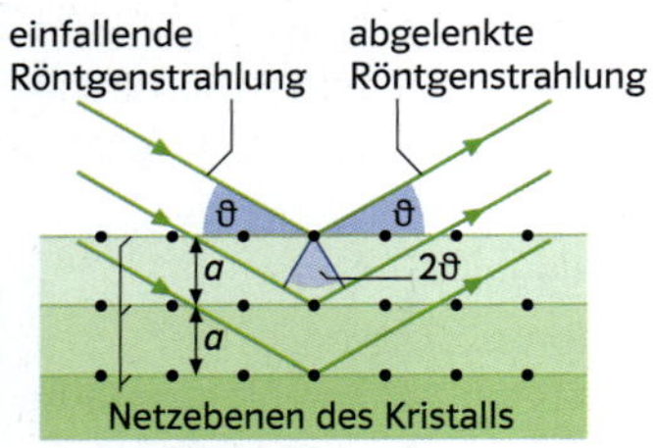	f_G Grenzfrequenz (max.) des kontinuierlichen Röntgenspektrums λ_G Grenzwellenlänge (min.) des Röntgenspektrums e Elementarladung U_B Beschleunigungsspannung der Elektronen h Planck'sche Konstante c Lichtgeschwindigkeit a Abstand der Netzebenen δ_k Glanzwinkel	$Hz = s^{-1}$ m C V J · s $m \cdot s^{-1}$ m Zahl (Grad)
Compton-Effekt	$\Delta\lambda = \lambda_g - \lambda_e = \frac{h}{m_0 \cdot c} \cdot (1 - \cos\beta)$ Comptonwellenlänge ($\beta = 90°$): $\lambda_C = \frac{h}{m_0 \cdot c}$ 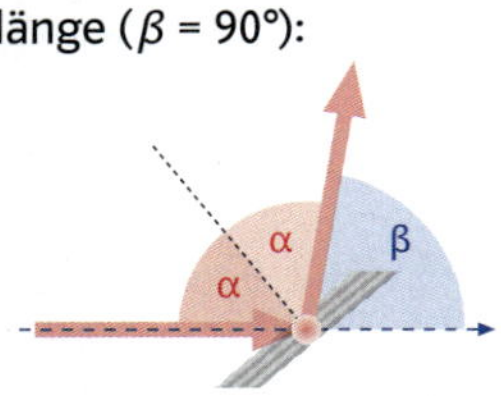	$\Delta\lambda$ Wellenlängenzunahme λ_e, λ_g Wellenlänge des einfallenden bzw. gestreuten Photons m_0 Ruhemasse d. Elektrons β Streuwinkel c Lichtgeschwindigkeit λ_c Comptonwellenlänge h Planck'sche Konstante	m m kg Zahl (Grad) $m \cdot s^{-1}$ m J · s
Heisenbergsche Unbestimmtheitsrelation	$\overline{\Delta x} \cdot \overline{\Delta p_x} \geq \frac{h}{4\pi}$ $\overline{\Delta E} \cdot \overline{\Delta t} \geq \frac{h}{4\pi}$	$\overline{\Delta x}$ mittlere Unbestimmtheit der x-(Orts-)Koordinate $\overline{\Delta p_x}$ mittlere Unbestimmtheit der x-Komponente des Impulses $\overline{\Delta E}$ mittlere Unbestimmtheit der Energie $\overline{\Delta t}$ mittlere Unbestimmtheit der Zeit	m $kg \cdot m \cdot s^{-1}$ J s

Schrödinger-Gleichung 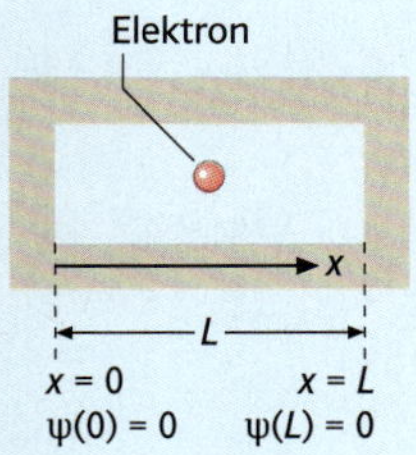 *zeitunabhängige Lösung*	eindimensional gebundenes Elektron: $\Psi''(x) + \frac{8\pi^2 m}{h^2} \cdot (E - V) \cdot \Psi(x) = 0$ Normierungsbedingung der Antreffwahrscheinlichkeit: $\int_0^L \Psi^2(x) \cdot \mathrm{d}x = 1$ linearer Potenzialtopf der Länge L: stationäre Lösung: $\Psi_n(x) = \sqrt{\frac{2}{L}} \cdot \sin\left(\frac{n \cdot \pi}{L} \cdot x\right)$ mit $n = 1, 2, 3, \ldots$ $E_n = \frac{h^2 \cdot n^2}{8m \cdot L^2}$ mit $n = 1, 2, 3, \ldots$ 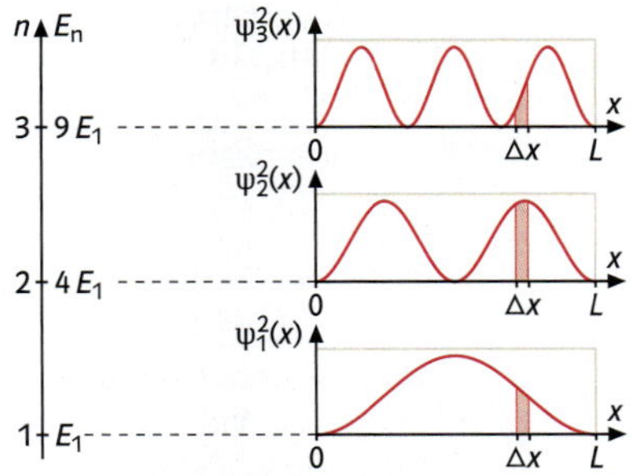 	$\Psi(x)$ zeitunabhängige Lösungsfunktion der Schrödinger-Gleichung $\Psi''(x)$ Zweite Ableitung der Ψ-Funktion nach x x Ort der Messung $0 \leq x \leq L$ $\Psi^2(x)$ Maß für die Wahrscheinlichkeitsdichte des Elektrons am Ort x $\Psi_1^2(x)$, $\Psi_2^2(x)$, $\Psi_3^2(x)$ Wahrscheinlichkeitsdichte für $n = 1$, $n = 2$, $n = 3$ E Gesamtenergie des Elektrons V Potenzialfunktion für den eindimensionalen Kasten mit unendlich hohen Wänden E_n Gesamtenergie des Elektrons bei der Quantenzahl n h Plancksche Konstante n Quantenzahl m Masse des Elektrons L Länge des linearen Aufenthaltsbereiches des Elektrons	Zahl Zahl Zahl Zahl J J J J · s Zahl kg m
Komplementarität	Bei Quantenobjekten schließen sich Unterscheidbarkeit und Interferenz gegenseitig aus. Komplementär sind sich widersprechende, aber einander ergänzende Eigenschaften (Merkmale) eines Quantenobjekts.		

Atome

Wasserstoff *Bindungsenergie des Elektrons*	$E_n = E_1 \cdot \frac{1}{n^2}$ $E_1 = -13{,}6\,\text{eV}$	E_1, E_n Energie des in der Atomhülle gebundenen Elektrons im Grund- bzw. n-ten Quantenzustand n Quantenzahl	eV Zahl
Spektrallinien des Wasserstoffatoms	$\Delta E = h \cdot f_{n,m} = E_1 \cdot \left(\frac{1}{n^2} - \frac{1}{m^2}\right)$ mit $n, m \in \mathbb{N}$ und $m > n$ Frequenzen: $f_{n,m} = R_H \cdot \left(\frac{1}{n^2} - \frac{1}{m^2}\right)$ mit $R_H = 3{,}2898 \cdot 10^{15}\,\text{Hz}$ $n = 1$: Lyman-Serie $n = 2$: Balmer-Serie $n = 3$: Paschen-Serie $n = 4$: Brackett-Serie $n = 5$: Pfund-Serie	ΔE Energiedifferenz für das Elektron vom n-ten zum m-ten Quantenzustand n, m Quantenzahlen $f_{n,m}$ Frequenz R_H Rydberg-Frequenz des H-Atoms	J Zahl $\text{Hz} = \text{s}^{-1}$ $\text{Hz} = \text{s}^{-1}$

Moseley'sches Gesetz	Energie der Röntgenstrahlung an der Absorptionskante: $E = 13{,}6\,\text{eV} \cdot (Z - a)^2$ mit $a \approx 2$ Energie beim Übergang zwischen zwei Energieniveaus mit $n < m$: $\Delta E = 13{,}6\,\text{eV} \cdot (Z - a)^2 \cdot \left(\frac{1}{n^2} - \frac{1}{m^2}\right)$ Für die Frequenz der K_α-Linie gilt ($a = 1$): $f_{K\alpha} = \frac{3}{4} \cdot R_H \cdot (Z - 1)^2$	E Energie Z Kernladungszahl a Korrektur infolge weiterer Elektronen in der Hülle n_1, n_2 Quantenzahlen $f_{K\alpha}$ Frequenz R_H Rydberg-Frequenz des H-Atoms	J Zahl Zahl Zahl $\text{Hz} = \text{s}^{-1}$ $\text{Hz} = \text{s}^{-1}$
Pauli-Prinzip	1. Alle Elektronen eines Atoms unterscheiden sich in mindestens einer von vier Quantenzahlen: n für die Energie, l für den Bahndrehimpuls, m_l für die Orientierung der Bahn, s für den Spin des Elektrons. 2. Elektronen besetzen stets das niedrigste noch freie Energieniveau.	n Hauptquantenzahl mit $n \in \mathbb{N}$ l Nebenquantenzahl mit $l \in \{0, 1, 2, 3, \ldots, n-1\}$ m_l Magnetquantenzahl mit $m_l \in \{-l, -(l-1), \ldots, 0, \ldots, (l-1), l\}$ s Spinquantenzahl mit $s \in \{-\frac{1}{2}; +\frac{1}{2}\}$	Zahl Zahl Zahl Zahl
Leitfähigkeit σ von Metallen *mittlere Geschwindigkeit infolge des E-Feldes*	$\sigma = \frac{1}{\varrho} = c_L \cdot e \cdot \mu$ Ladungsträgerdichte im Volumen $V = A \cdot l$ ist definiert als $c_L = \frac{N}{V}$ Driftgeschwindigkeit der Elektronen: $v_D = \mu \cdot E$ 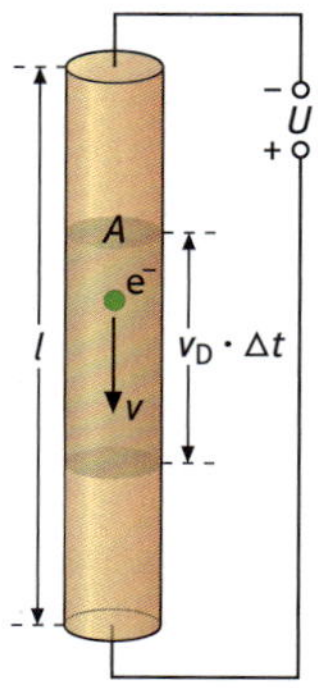	σ Leitfähigkeit des Metalls ϱ spezifischer Widerstand e Ladung eines Elektrons c_L Ladungsträgerdichte μ Beweglichkeit N Anzahl der beweglichen Elektronen v_D Driftgeschwindigkeit der Elektronen E elektrische Feldstärke (infolge der Spannung)	$\Omega^{-1} \cdot \text{m}^{-1}$ $\Omega \cdot \text{m}$ C m^{-3} $\text{m}^2 \cdot \text{s}^{-1} \cdot \text{V}^{-1}$ Zahl $\text{m} \cdot \text{s}^{-1}$ $\text{V} \cdot \text{m}^{-1}$
Avogadro-Konstante N_A	$N_A = \frac{N}{n} = 6{,}022 \cdot 10^{23}\,\text{mol}^{-1}$	N_A Avogadro-Konstante (molare Teilchenzahl) N Teilchenzahl n Stoffmenge	mol^{-1} Zahl mol
Molares Volumen V_m **Molare Masse M_m**	$V_m = \frac{V}{n}$ mit $V_{m0} = 22{,}4\,\text{dm}^3 \cdot \text{mol}^{-1}$ $M_m = \frac{m}{n} = m_r$ mit $m_r = \frac{m_i}{1\,\text{u}}$ Die Massenangaben im Periodensystem der Elemente sind relative Teilchenmassen m_r	V_m Molvolumen V_{m0} Molvolumen unter Normbedingungen ($p_0 = 1013{,}25\,\text{hPa}$; $T_0 = 273{,}15\,\text{K}$) V Volumen des Gases n Stoffmenge des Gases M_m Molmasse m Masse m_r relative Teilchenmasse m_i Teilchenmasse	$\text{m}^3 \cdot \text{mol}^{-1}$ $\text{m}^3 \cdot \text{mol}^{-1}$ m^3 mol $\text{kg} \cdot \text{mol}^{-1}$ kg $\text{kg} \cdot \text{mol}^{-1}$ kg
Atomare Masseneinheit u	$1\,\text{u} = \frac{1}{12} m({}^{12}_{6}\text{C}) = 1{,}660\,54 \cdot 10^{-27}\,\text{kg}$	u atomare Masseneinheit $m({}^{12}_{6}\text{C})$ Masse eines Atoms des Isotops C-12	kg kg

Atomkerne – Strahlenschutz

Radioaktiver Zerfall	Zählrate: $z = \frac{\Delta N}{\Delta t}$ Zerfallsgesetz: $\frac{\mathrm{d}N}{\mathrm{d}t} = -\lambda \cdot N(t)$ bzw. $N(t) = N(0) \cdot e^{-\lambda \cdot t}$ Halbwertszeit: $T_{1/2} = \frac{\ln 2}{\lambda}$ mittlere Lebensdauer: $\tau = \frac{1}{\lambda}$ 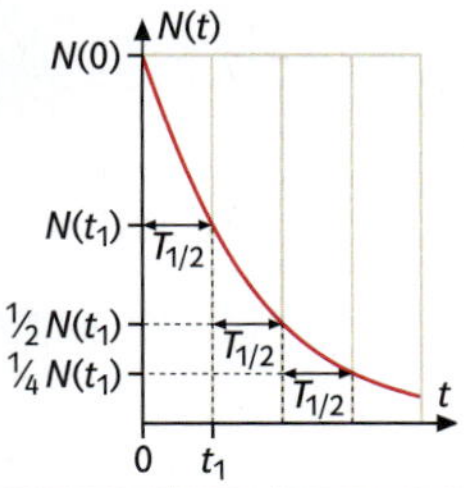	z Zählrate ΔN, $\mathrm{d}N$ Anzahl der in der Zeitspanne Δt, $\mathrm{d}t$ zerfallenen Radionuklide $N(t)$ Anzahl der Radionuklide zur Zeit t $N(0)$ Anzahl der zu Beginn ($t = 0$) vorhandenen Radionuklide λ Zerfallskonstante t, Δt, $\mathrm{d}t$ Zeitspanne $T_{1/2}$ Halbwertszeit τ mittlere Lebensdauer	s^{-1} Zahl Zahl Zahl s^{-1} s s s
Aktivität *A* (*t*)	$A(t) = \left\lvert \frac{\mathrm{d}N}{\mathrm{d}t} \right\rvert = \lambda \cdot N(t)$ $A(t) = A(0) \cdot e^{-\lambda \cdot t} = \lambda \cdot N(t)$	$A(t)$ Aktivität zur Zeit t $N(t)$ Zahl der Zerfälle in der Zeitspanne $\mathrm{d}t$ $A(0)$ Aktivität zur Zeit $t = 0$ λ Zerfallskonstante t, $\mathrm{d}t$ Zeitspanne	$\mathrm{Bq} = s^{-1}$ Zahl $\mathrm{Bq} = s^{-1}$ s^{-1} s
Absorption von *β*- und *γ*-Strahlung *Zählrate n (x)*	$n(x) = n(0) \cdot e^{-\mu \cdot x} = n(0) \cdot e^{-(\ln 2/d_{1/2}) \cdot x}$ $n(x) = \frac{N(x)}{t}$ Halbwertsdicke: $d_{1/2} = \frac{\ln 2}{\mu}$ 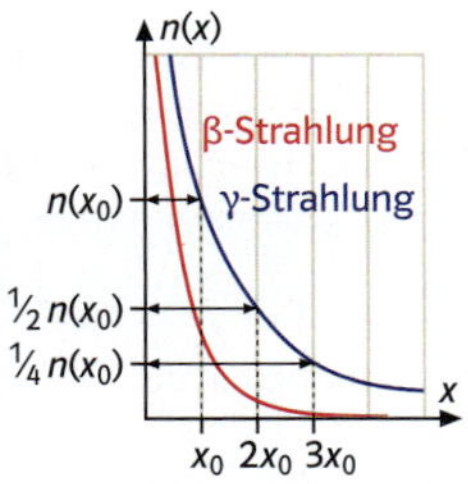	$n(x)$ Zählrate bei der Materialdicke x $n(0)$ Zählrate vor dem Eintritt ins Material ($x = 0$) μ Absorptionskoeffizient (Schwächungskoeffizient) x Materialdicke $N(x)$ Zahl der Zerfälle bei der Materialdicke x t Zeitspanne $d_{1/2}$ Halbwertsdicke	Zahl Zahl m^{-1} m Zahl s m
Energiedosis D_E **Ionendosis D_I** **Äquivalentdosis**	$D_E = \frac{\Delta E}{\Delta m}$ $D_I = \frac{\Delta Q}{\Delta m}$ $D_q = q \cdot D_E$	D_E Energiedosis ΔE aus der Strahlung absorbierte Energie Δm bestrahlte Masse D_I Ionendosis ΔQ erzeugte Ladung D_q Äquivalentdosis q Qualitätsfaktor	Gy (Gray) J kg $\mathrm{C} \cdot \mathrm{kg}^{-1}$ C Sv (Sievert) Zahl
Nukleonenzahl *A* (Massenzahl)	$A = Z + N$ (Kernladungszahl Z = Zahl der Elektronen in der Hülle) Radius r eines Atomkerns: $r = r_0 \cdot \sqrt[3]{A}$ mit $r_0 = 1{,}42 \cdot 10^{-15}\,\mathrm{m}$	A Nukleonenzahl Z Protonenzahl (Ordnungszahl im PSE) N Neutronenzahl r_0 Radius eines Protons	Zahl Zahl Zahl m
Massendefekt Δm *Kernbindungsenergie*	$\Delta m = Z \cdot m_P + N \cdot m_N - m_K$ $E_B = -\Delta m \cdot c^2$	Δm Massendefekt Z Protonenzahl m_P Ruhemasse d. Protons N Neutronenzahl m_N Ruhemasse des Neutrons m_K Masse des Atomkerns E_B Kernbindungsenergie c Lichtgeschwindigkeit	kg Zahl kg Zahl kg kg J bzw. eV $\mathrm{m} \cdot \mathrm{s}^{-1}$

Erhaltungssätze und Prinzipien in der Physik (Auswahl)

Allgemeines	Messbare Vorgänge lassen sich durch Gesetzmäßigkeiten – in mathematischer Form – beschreiben. In Theorien werden die Gesetzmäßigkeiten einzelner Phänomenbereiche **kausal** aus einer Reihe grundlegender Gesetze und zweckdienlicher Annahmen hergeleitet. Während die Gesetze naturgegebene Sachverhalte beschreiben, sind die Annahmen plausible, in ihrer Allgemeinheit nur empirisch belegbare Postulate (Bedingungen) und Prinzipien (Leitlinien), die einerseits über die Richtigkeit einzelner Aussagen einer Theorie entscheiden, andererseits als Axiome ein Minimum von Grundaussagen darstellen, mit denen die kausale Verknüpfung aller in der Theorie erfassten Gesetzmäßigkeiten möglich ist.
Erhaltungssätze	
Energie	Die Summe der Einzelenergien eines abgeschlossenen Systems bleibt bei allen Vorgängen über alle Zeiten hin konstant. Die Gesamtenergie ist konstant.
Impuls	Die Summe der Einzelimpulse eines abgeschlossenen Systems bleibt bei allen Vorgängen über alle Zeiten hin konstant. Der Gesamtimpuls ist konstant.
Drehimpuls	Die Summe der Einzeldrehimpulse eines abgeschlossenen Systems bleibt bei allen Vorgängen über alle Zeiten hin konstant. Der Gesamtdrehimpuls ist konstant.
Masse	Die Summe der Massen aller Körper eines Systems bleibt bei allen Vorgängen über alle Zeiten hin unverändert. Bei relativistischen oder kernphysikalischen Vorgängen ist Masse äquivalent zur Energie mit der Energieerhaltung erfasst.
Ladung	Die Summe der in einem abgeschlossenen System vorhandenen Ladung ist bei allen Vorgängen über alle Zeiten hin konstant. Die Gesamtladung ist konstant.
Baryonenzahl	Jedes Baryon (wie z. B. das Proton, Neutron, Lambda-, Sigma- oder Xi-Teilchen) hat die Baryonenzahl +1, jedes seiner Antiteilchen −1. Die Summe der Baryonenzahlen eines Systems ändert sich nicht.
Leptonenzahl	Jedes Lepton (Elektron, Myon, Tauon und die zugehörigen Neutrinos) hat die Leptonenzahl +1, jedes seiner Antiteilchen −1. Die Summe der Leptonenzahlen eines Systems ändert sich nicht, wobei auch noch die Leptonenzahl der Myonen und Myonen-Neutrinos sowie der Tauonen und Tau-Neutrinos mit ihren Antiteilchen erhalten bleibt.
Prinzipien	
Einfachheit	Jede grundlegende Gesetzmäßigkeit kann in mathematisch „einfach" strukturierten Formeln ausgedrückt werden.
Ursache/Wirkung	Für jeden Zustand gibt es eine Ursache, die aus einem zeitlich vorangehenden Ereignis zwingend folgt (**Kausalität**). Diese Kausalität muss in der modernen Physik eingeschränkt werden, weil die Ausbreitungsgeschwindigkeit bei Wechselwirkungen endlich ist (es gibt keine Fernwirkung) und für Objekte der Quantenphysik eine exakte raumzeitliche Lokalisierung nicht möglich ist. Aber auch in der klassischen Physik gibt es Einschränkungen. Zwar gilt hier: exakt gleiche Ursachen haben exakt gleiche Wirkungen zur Folge (schwache Kausalität), aber schon kleinste Abweichungen in den Ursachen können bei Systemen, bei denen es nichtlineare Wechselwirkungen gibt, zu völlig anderen Wirkungen führen. Bei Systemen, bei denen kleine Abweichungen in den Ursachen auch nur zu kleinen Abweichungen bei den Wirkungen führen, spricht man von starker Kausalität.
Minimalprinzip	In der geometrischen Optik breitet sich Licht (elektromagnetische Wellen) auf dem Weg von P_1 nach P_2 mit dem kleinsten Zeitbedarf aus (**Fermat'sches Prinzip**).
Huygens'sches Prinzip	In homogenen Medien ist die Wellenfront für einen späteren Zeitpunkt durch die einhüllende Fläche aller Elementarwellen gleicher Frequenz und Ausbreitungsgeschwindigkeit gegeben.
Hauptsätze der Thermodynamik	Energetische Vorgänge entwickeln sich selbsttätig nur in Richtung einer Entropiezunahme hin.
Relativität	In der klassischen Physik sind Gesetzmäßigkeiten bei Bewegungsvorgängen gegenüber Orts- und Zeitkoordinaten-Transformationen invariant. Bei relativistischen Bewegungen ist Relativität mithilfe von Lorentz-Transformationen gegeben, wenn nach Einstein das Prinzip der Konstanz der Vakuumlichtgeschwindigkeit unabhängig vom Bewegungszustand zugrunde gelegt wird.
Pauli-Prinzip	Zwei Elektronen (allgemein Fermionen, also Teilchen mit halbzahligem Spin ↑ bzw. ↓) können sich in einem Atom nicht im gleichen Zustand befinden.
Materie – Antimaterie	Zu jedem Elementarteilchen existiert ein Antiteilchen, das dieselbe Masse oder Lebensdauer hat, während ihre Ladung, Baryonen- bzw. Leptonenzahl, Strangeness und Charme entgegengesetztes Vorzeichen haben.

2.

Mathematische Grundlagen

Funktionale Zusammenhänge

Wenn nicht anders angegeben, ist der Wertebereich der Konstanten und Variablen $\mathbb{R}$.
Auf die Tatsache, dass Messungen nur Zahlen aus $\mathbb{Q}$ liefern, sei hingewiesen.

Sprungfunktion

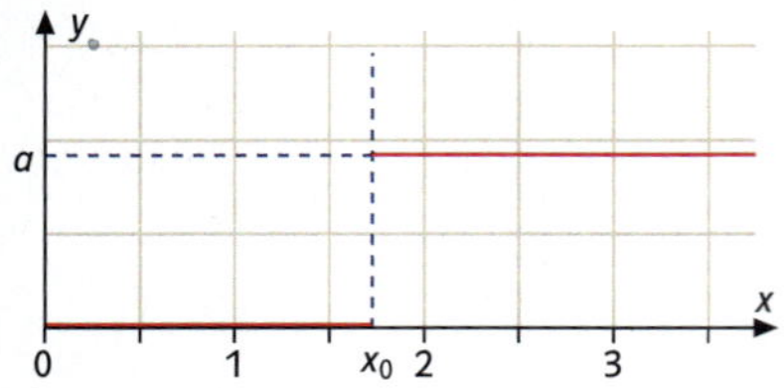

$$y = f(x) = \begin{cases} 0 & \text{für } x < x_0 \\ a & \text{für } x \geq x_0, \quad a \neq 0 \end{cases}$$

BEISPIEL: Stromstärke I in Abhängigkeit von der Zeit t für einen einfachen Stromkreis mit Schalter, der zum Zeitpunkt $t = x_0$ geschlossen wird, sodass die Stromstärke zu diesem Zeitpunkt sprunghaft ansteigt.

Periodische Rechteckfunktion

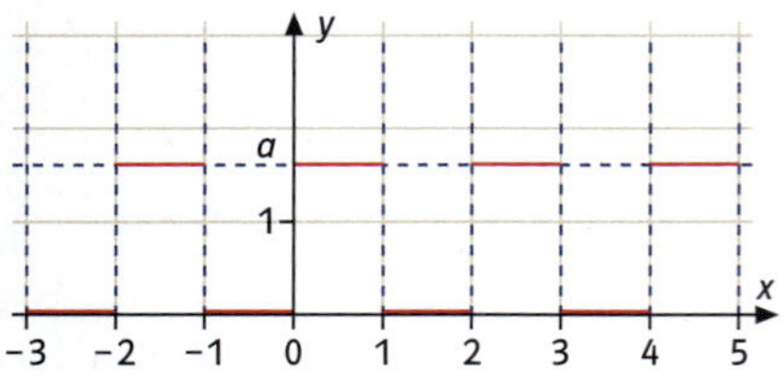

$$y = f(x) = \begin{cases} a & \text{für } 2k \leq x < 2k+1 \\ 0 & \text{für } 2k+1 \leq x < 2k+2 \end{cases} \quad k \in \mathbb{Z}$$

f ist periodisch mit der Periodenlänge 2.

BEISPIEL: Periodische Einschalt- und Ausschaltvorgänge, z. B. in modernen Halbleiterschaltungen oder Messschaltungen für schnell ablaufende Vorgänge.

Betragsfunktion

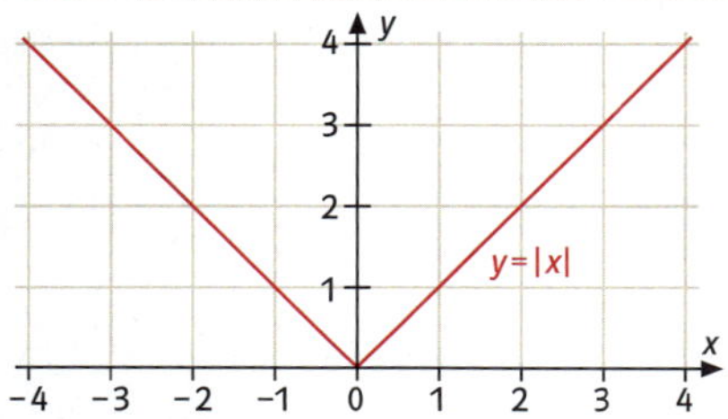

$$y = f(x) = |x| = \begin{cases} x & \text{für } x \geq 0 \\ -x & \text{für } x < 0 \end{cases}$$

BEISPIEL: Bahnkurve bei der elastischen Reflexion eines Körpers. Mit einem Faktor $m > 0$ kann mit der Funktion $f(x) = m \cdot |x|$ die Reflexion bei unterschiedlichen Auftreffwinkeln beschrieben werden.

Proportionalität

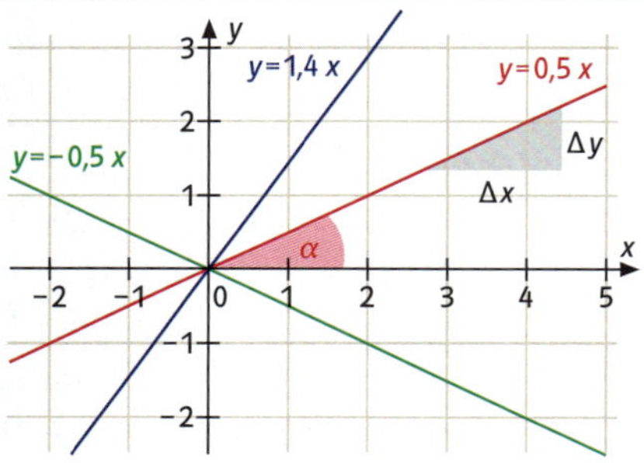

$y = f(x) = m \cdot x$

$m = \frac{\Delta y}{\Delta x} = \tan\alpha$ heißt Steigung der Geraden

GRAPH: Geraden durch $(0|0)$

BEISPIEL: Weglänge s in Abhängigkeit von der Zeit t für eine unbeschleunigte Bewegung mit der Anfangsbedingung $s(0) = 0$.

Antiproportionalität

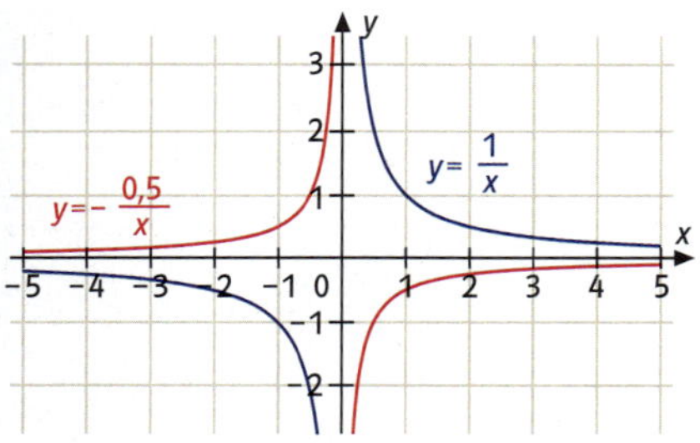

$y = f(x) = \frac{a}{x} \quad a \neq 0, x \in \mathbb{R} \setminus \{0\}$

GRAPH: Hyperbeln

BEISPIEL: Verhalten von Druck p und Volumen V eines idealen Gases bei konstanter Temperatur (Boyle-Mariotte'sches Gesetz)

Lineare Funktionen

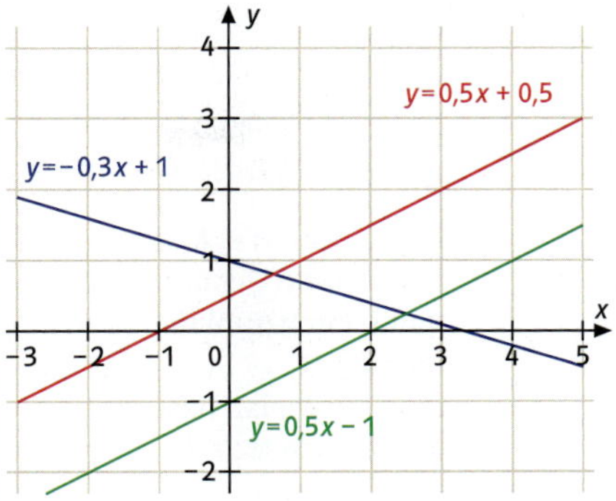

$y = f(x) = m \cdot x + b$

GRAPH: Geraden

Bei $m = 0$ entstehen Parallelen zur x-Achse mit $y = b$; bei $b = 0$ ergeben sich Proportionalitäten.
m heißt Steigung der Geraden;
für zwei beliebige Punkte $(x_1 | y_1)$ und $(x_2 | y_2)$ der Geraden gilt:

$$\frac{y_2 - y_1}{x_2 - x_1} = m$$

BEISPIEL: Weglänge s in Abhängigkeit von der Zeit t für eine unbeschleunigte Bewegung, die zum Zeitpunkt $t = 0$ am Ort s_0 begann.

Quadratische Funktionen

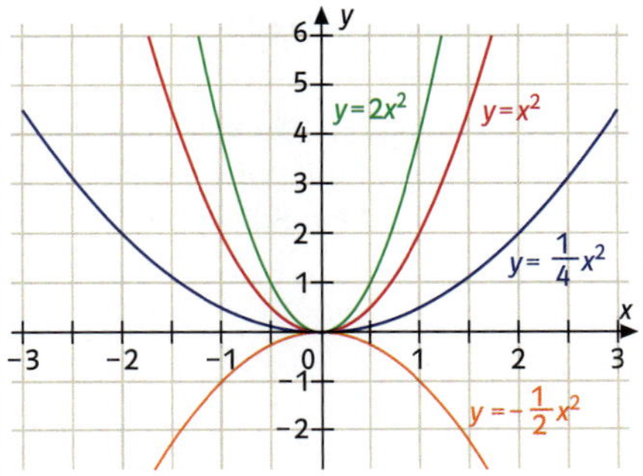

$y = f(x) = a \cdot x^2 \quad a \neq 0$

GRAPH: Parabeln

Ist $a = 1$, so spricht man von einer Normalparabel. Die Konstante a ist ein Maß für die Öffnung der Parabel. Große Beträge von a liefern schlanke, kleine Beträge breite Parabeln.

BEISPIEL: Kinetische Energie eines Körpers mit der Masse m und der Geschwindigkeit v.

Allgemeiner Fall

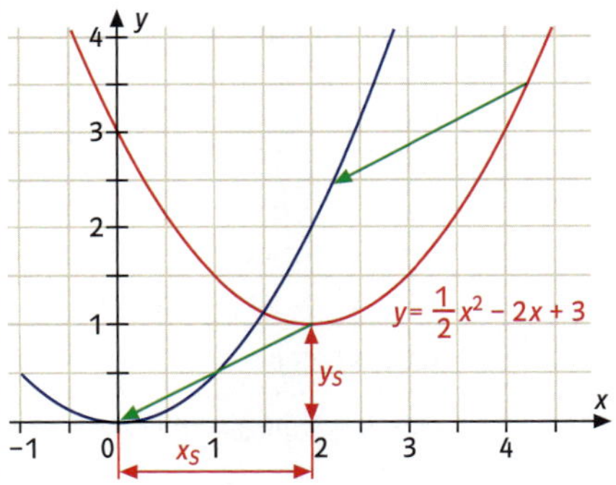

$$y = f(x) = a \cdot x^2 + b \cdot x + c \text{ mit } a \neq 0$$
$$= a \cdot (x - x_S)^2 + y_S$$

mit $x_S = -\frac{b}{2a}$ und $y_S = -\frac{b^2}{4a} + c$

Der Scheitelpunkt der Parabeln liegt bei

$$S = (x_S | y_S) = \left(-\frac{b}{2a} \middle| -\frac{b^2}{4a} + c\right).$$

Durch eine Verschiebung um $-x_S$ in x-Richtung und um $-y_S$ in y-Richtung lässt sich der allgemeine Fall auf den Spezialfall mit $b = 0$, $c = 0$ zurückführen.

BEISPIEL: Bahnkurve beim waagerechten Wurf mit der Abwurfhöhe h über dem Boden und der Anfangsgeschwindigkeit v_0.

Quadratwurzelfunktionen

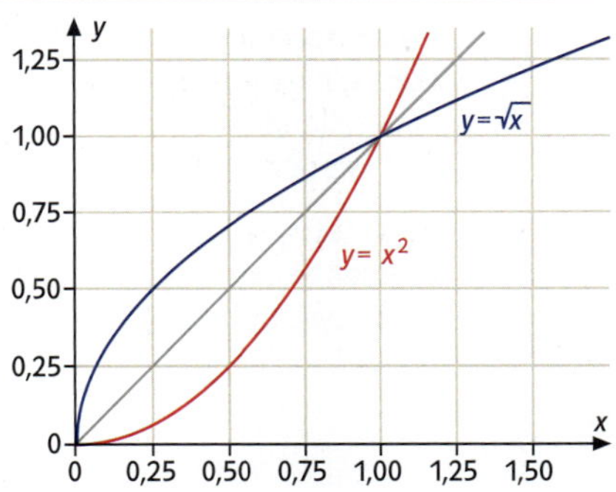

$y = f(x) = \sqrt{x} \quad x \in \mathbb{R}_0^+$

GRAPH: An der 1. Winkelhalbierenden gespiegelter Parabelast für $x \geq 0$.

f ist die Umkehrfunktion zu $g(x) = x^2$ mit $x \geq 0$. Damit sind die Graphen von f und g für $x \geq 0$ zueinander symmetrisch bezüglich der Winkelhalbierenden im 1. Quadranten.

BEISPIEL: Dauer T der Periode einer Schwingung eines Fadenpendels mit der Länge l.

Potenzfunktionen

mit ganzzahligem, positiven Exponenten

n gerade

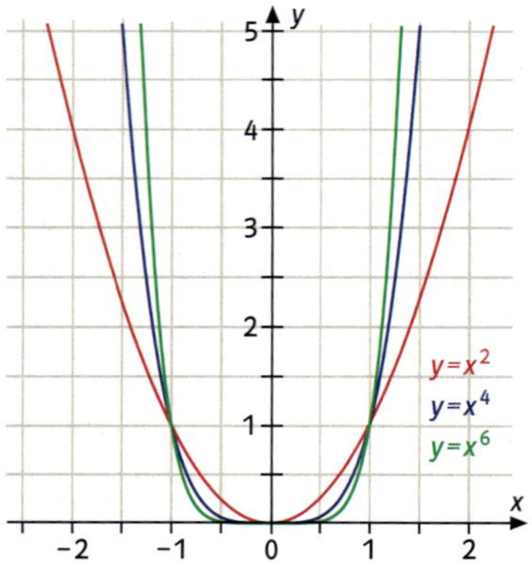

n ungerade

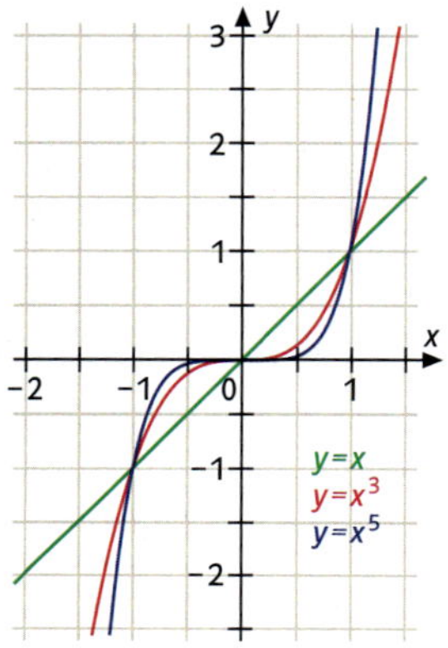

$y = f(x) = a \cdot x^n \quad n \in \mathbb{N}$ und $a \neq 0$

GRAPH: Parabeln n-ter Ordnung

$n = 1$ bzw. $n = 2$ ergeben die Spezialfälle Proportionalität und Quadratische Funktion.
Jede Potenzfunktion enthält die Wertepaare $(0|0)$ und $(1|a)$.
Je größer n ist, desto steiler verlaufen die Graphen im Bereich $|x| \geq 1$.

LINEARISIERUNG: In einer doppelt-logarithmischen Darstellung entsteht für positive Werte eine Ursprungsgerade. Deren Steigung gibt den Exponenten n an.

BEISPIEL: Die Strahlungsleistung P eines Körpers nimmt mit der vierten Potenz seiner Temperatur T zu (Stefan-Boltzmann'sches Gesetz).

mit ganzzahligem, negativen Exponenten

n gerade

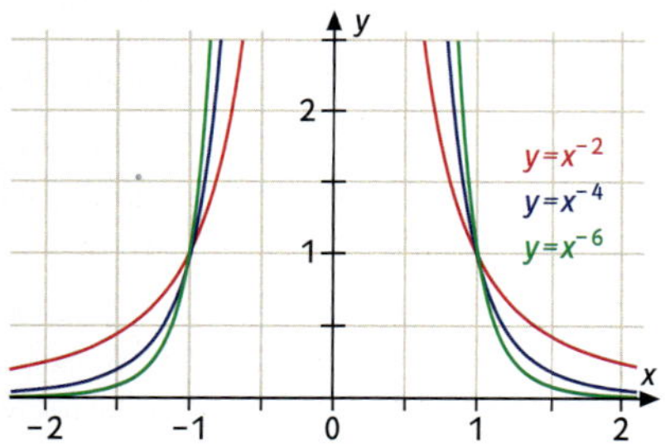

n ungerade

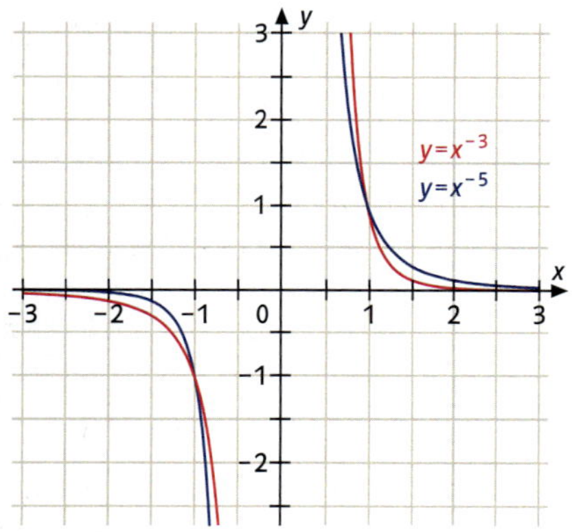

$y = f(x) = a \cdot x^{-n} \quad n \in \mathbb{N}$ und $a \neq 0; x \neq 0$

GRAPH: Hyperbeln n-ter Ordnung

Bei $n = 1$ liegt der Sonderfall der Antiproportionalität vor.
Es gibt keine Schnittpunkte mit den Koordinatenachsen.
Die Koordinatenachsen sind Asymptoten.

LINEARISIERUNG: In einer doppelt-logarithmischen Darstellung entsteht für $a = 1$ und positive x-Werte eine fallende Ursprungsgerade, deren Steigung den Exponenten n angibt.

BEISPIEL: Die Kraft F zwischen zwei Körpern mit den Massen m_1 und m_2 ist umgekehrt proportional zum Quadrat ihres Abstandes r (Gravitationsgesetz).

Wurzelfunktionen *n*-ten Grades

Potenzfunktionen mit gebrochenem Exponenten

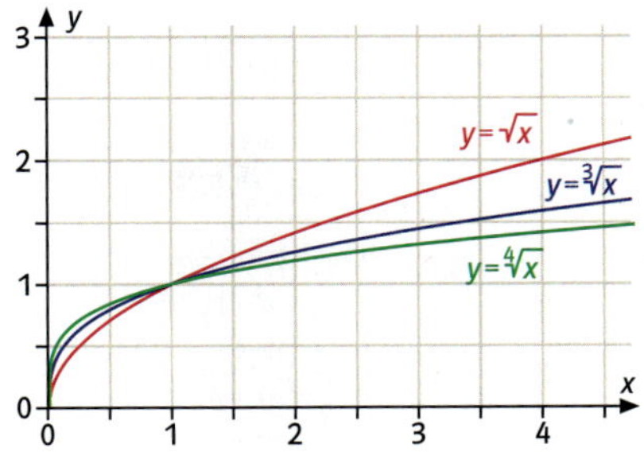

$y = f(x) = x^{1/n} = \sqrt[n]{x}$ $\quad n \in \mathbb{N} \setminus \{1\}$ und $x \geq 0$

In doppelt-logarithmischer Darstellung ergibt sich eine Ursprungsgerade. Deren Steigung gibt den Exponenten an.

BEISPIEL: Der Kernradius r nimmt mit der dritten Wurzel der Atommassenzahl A zu.

Exponentialfunktionen

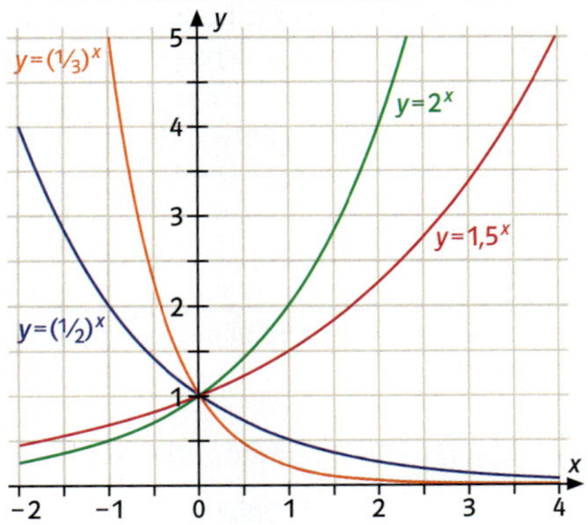

$y = f(x) = a^x \quad a > 0;\ a \neq 1$

a heißt Basis und x Exponent der Exponentialfunktion.
Es gelten folgende Rechenregeln ($a \neq 0$):

$a^0 = 1 \qquad a^r \cdot a^s = a^{r+s} \qquad \frac{a^r}{a^s} = a^{r-s} \qquad (a^r)^s = a^{r \cdot s}$

Jede Exponentialfunktion $f(x) = a^x$ lässt sich mit einer anderen Zahl $b > 0$ als Basis darstellen. Hierfür gilt:

$f(x) = a^x = b^{(\log_b a) \cdot x}$

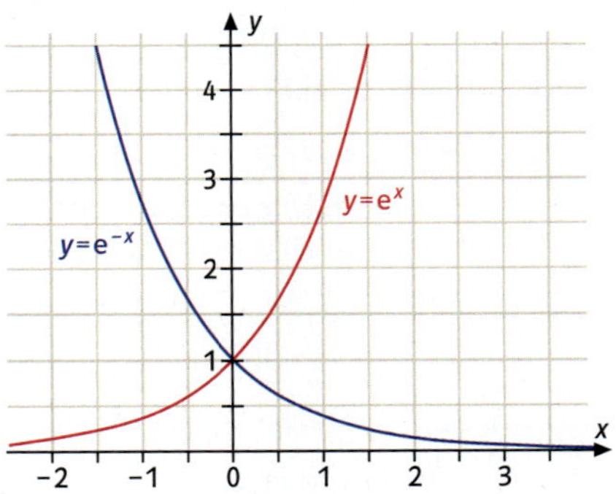

Ist die Euler'sche Zahl e ≈ 2,718… Basis der Exponentialfunktion, so gilt:

$f(x) = a^x = e^{(\ln a) \cdot x}$

Für $f(x) = e^x$ ist $f'(x) = e^x$
und somit $f'(0) = f(0) = 1$.

$f(x) = A \cdot e^{k \cdot x}$ ist Lösung der Differenzialgleichung $f'(x) = k \cdot f(x)$.

BEISPIEL: Abnahme der Spannung beim Entladen eines Kondensators.

Logarithmusfunktionen

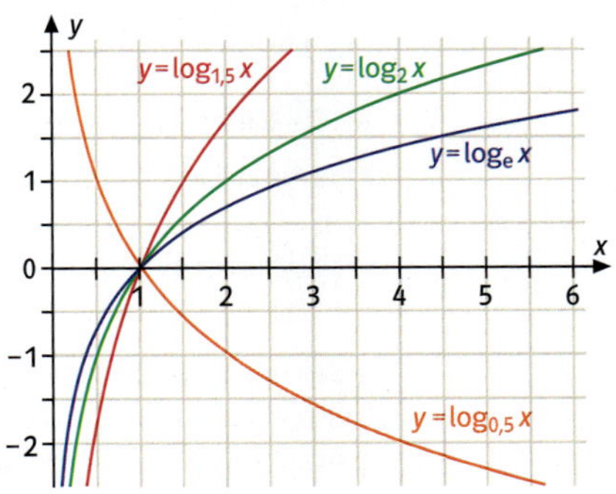

$y = f(x) = \log_a x$ mit $x \in \mathbb{R}^+;\ a > 0$

a heißt Basis des Logarithmus. Es gelten folgende Rechenregeln:

$\log_a 1 = 0$

$\log_a (r \cdot s) = \log_a r + \log_a s$

$\log_a \frac{r}{s} = \log_a r - \log_a s \quad s \neq 0$

$\log_a r^s = s \cdot \log_a r$

Von besonderer Bedeutung sind die Logarithmusfunktionen mit der Basis 10 und der Euler'schen Zahl e. Hierfür schreibt man:
$\log_{10} x = \lg x$ und $\log_e x = \ln x$

Allgemein gilt die Beziehung:
$\log_a x = \ln x / \ln a = \lg x / \lg a$

BEISPIEL: Lautstärkeunterschiede entsprechen dem Logarithmus der zugehörigen Schallleistungen.

Sinus- und Kosinusfunktion

$y = f(x) = \sin x \qquad y = f(x) = \cos x$

Ist x das Bogenmaß, α das Gradmaß eines Winkels, so gilt für Umrechnungen: $\frac{x}{\alpha} = \frac{2\pi}{360°}$

$\sin(-x) = -\sin(x)$

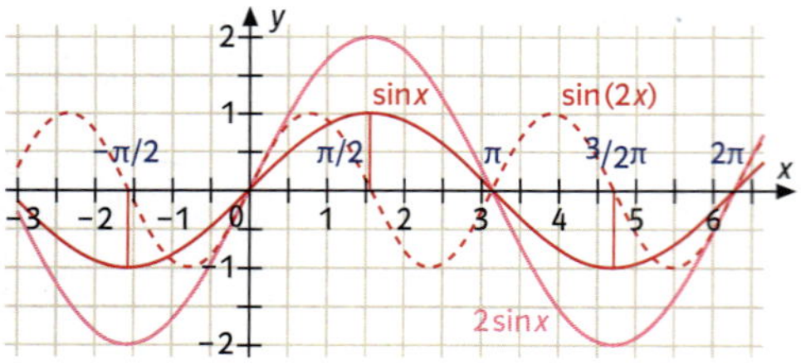

Die Sinus- und Kosinusfunktionen sind periodisch mit der Periodenlänge 2π.

Schnittpunkte der Sinusfunktion mit der x-Achse bei $x = n \cdot \pi,\ n \in \mathbb{Z}$ und der y-Achse bei $y = 0$

Extremwerte der Sinusfunktion bei $x = \frac{\pi}{2} + n \cdot \pi,\ n \in \mathbb{Z}$

$\cos(-x) = \cos(x)$

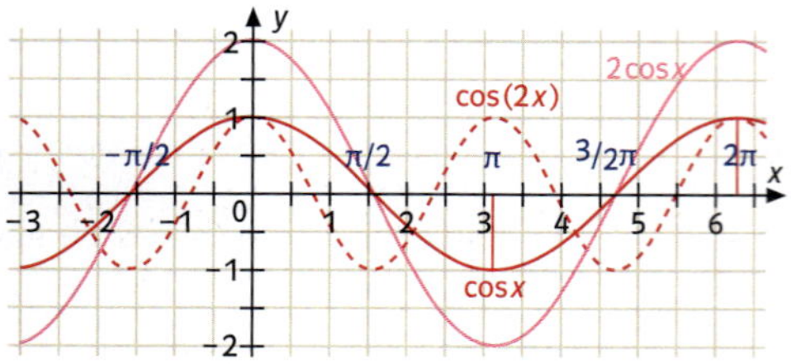

Schnittpunkte der Kosinusfunktion mit der x-Achse bei $x = \pi/2 + n \cdot \pi,\ n \in \mathbb{Z}$ und der y-Achse bei $y = 1$

Extremwerte der Kosinusfunktion bei $x = n \cdot \pi,\ n \in \mathbb{Z}$

$f(x) = a_1 \cdot \sin(b_1 x + c_1)$ bzw. $f(x) = a_2 \cdot \cos(b_2 x + c_2)$ sind Lösungen der Differenzialgleichung

$f''(x) + k \cdot f(x) = 0$ mit $b_1^2 = b_2^2 = k$

BEISPIEL: Für die Auslenkung s einer ungedämpften Schwingung in der Zeit t schreibt man:

$s(t) = s_0 \cdot \sin\left(\frac{2\pi}{T} \cdot t\right) = s_0 \cdot \sin(\omega \cdot t)$ (T Dauer der Periode, ω Kreisfrequenz)

Tangensfunktion

$y = f(x) = \tan x \quad x \in \mathbb{R} \setminus \{\frac{\pi}{2} + n \cdot \pi \mid n \in \mathbb{Z}\}$

Ist x das Bogenmaß, α das Gradmaß eines Winkels, so gilt für Umrechnungen: $\frac{x}{\alpha} = \frac{2\pi}{360°}$

$y = \tan x$ ist eine periodische Funktion mit der Periodenlänge π.

$\tan(-x) = -\tan(x)$

$\cot(-x) = -\cot(x)$

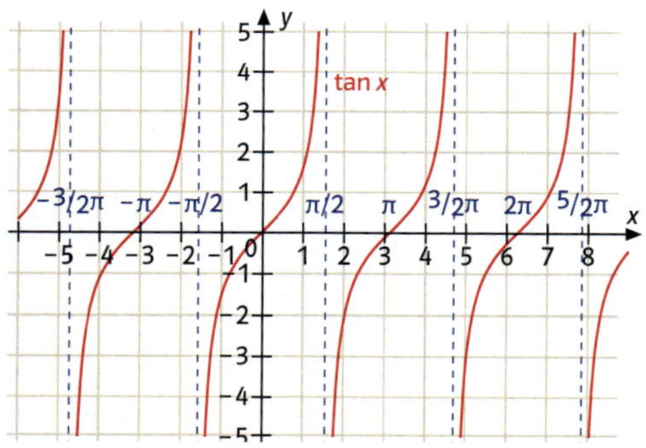

Schnittpunkte mit der x-Achse bei $x = n \cdot \pi,\ n \in \mathbb{Z}$ und der y-Achse bei $y = 0$

Asymptoten sind Parallelen zur y-Achse durch die Punkte mit $x = \frac{\pi}{2} + n \cdot \pi \mid n \in \mathbb{Z}$.

$y = f(x) = \frac{1}{\tan x} = \cot x \quad x \in \mathbb{R} \setminus \{n \cdot \pi \mid n \in \mathbb{Z}\}$

hat dieselbe Periodenlänge π. Die Asymptoten sind Parallelen zur y-Achse durch die Punkte mit $x = n \cdot \pi \mid n \in \mathbb{Z}$.

Es gilt: $\tan x = \frac{\sin x}{\cos x};\ \cot x = \frac{\cos x}{\sin x}$

BEISPIEL: Sehwinkel eines Gegenstandes

Arcusfunktionen

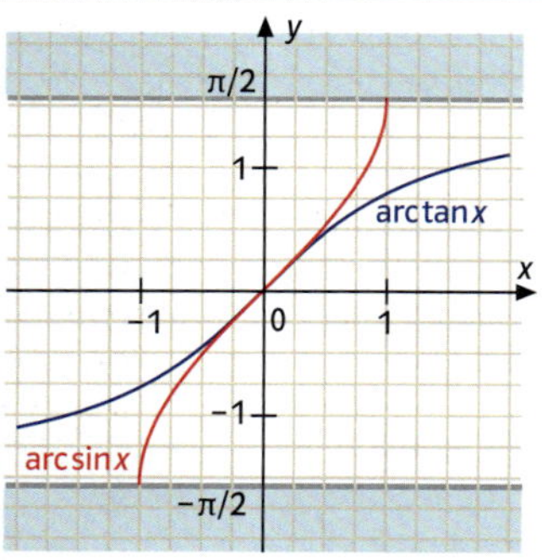

$y = f(x) = \arcsin x$ für $-1 \le x \le +1$

$y = f(x) = \arctan x$

$\arcsin x$ ist die Umkehrfunktion von $\sin x$ im Intervall $-\pi/2 \le x \le \pi/2$;

$\arctan x$ ist die Umkehrfunktion von $\tan x$ im Intervall $-\pi/2 < x < \pi/2$

EXTREMWERTE: keine

ASYMPTOTEN: für $\arcsin x$ keine

für $\arctan x$ bei $y = \pm\pi/2$

BEISPIEL: Arcusfunktionen treten als Lösungsfunktionen bei Integralrechnungen auf.

Beziehungen zwischen trigonometrischen Funktionen

Beziehungen

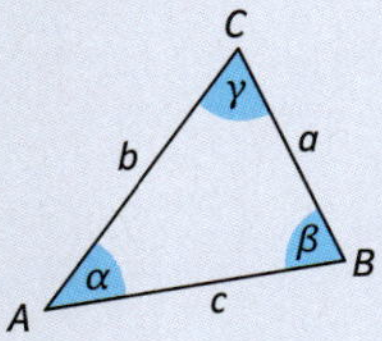

$\sin(\alpha \pm \beta) = \sin\alpha \cdot \cos\beta \pm \cos\alpha \cdot \sin\beta$

$\cos(\alpha \pm \beta) = \cos\alpha \cdot \cos\beta \mp \sin\alpha \cdot \sin\beta$

$\tan(\alpha \pm \beta) = \frac{\tan\alpha \pm \tan\beta}{1 \mp \tan\alpha \cdot \tan\beta}$

$\sin(\alpha + \beta) \cdot \sin(\alpha - \beta) = \sin^2\alpha - \sin^2\beta$

$\cos(\alpha + \beta) \cdot \cos(\alpha - \beta) = \cos^2\alpha - \sin^2\beta$

Sinussatz: $\frac{a}{\sin\alpha} = \frac{b}{\sin\beta} = \frac{c}{\sin\gamma}$

$\sin\alpha + \sin\beta = 2 \cdot \sin\frac{\alpha+\beta}{2} \cdot \cos\frac{\alpha-\beta}{2}$

$\sin\alpha - \sin\beta = 2 \cdot \cos\frac{\alpha+\beta}{2} \cdot \sin\frac{\alpha-\beta}{2}$

$\cos\alpha + \cos\beta = 2 \cdot \cos\frac{\alpha+\beta}{2} \cdot \cos\frac{\alpha-\beta}{2}$

im rechtwinkligen Dreieck ($\gamma = 90°$):

$\sin\alpha = \frac{a}{c}$; $\cos\alpha = \frac{b}{c}$

$\sin^2\alpha + \cos^2\alpha = 1$ (**Satz des Pythagoras**)

Kosinussatz: $a^2 = b^2 + c^2 - 2b \cdot c \cdot \cos\alpha$

Verändern trigonometrischer Funktionen durch Konstanten

Addition einer Konstanten $a \neq 0$

führt zur Verschiebung

Verschiebung des Graphen der Funktion $y = f(x)$ parallel zu einer Koordinatenachse:

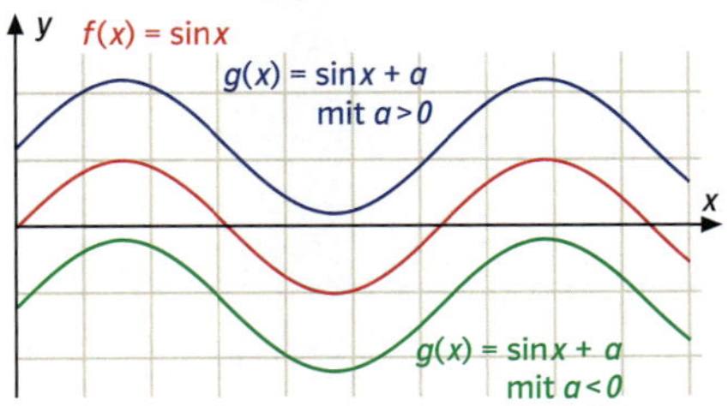

Addition einer Konstanten zur Funktion

$g(x) = f(x) + a$

Der Graph wird parallel zur x-Achse verschoben.
Für $a > 0$ erfolgt dies in positiver, für $a < 0$ in negativer y-Achsenrichtung.

BEISPIEL: $f(x) = \sin x$, $g(x) = \sin x + a$

Bei $g(x)$ lässt sich nicht mehr sinnvoll von einer Amplitude sprechen. Es gilt: $\text{Max}(g(x)) = \text{Max}(f(x)) + a$

Die Periodenlänge ändert sich nicht.

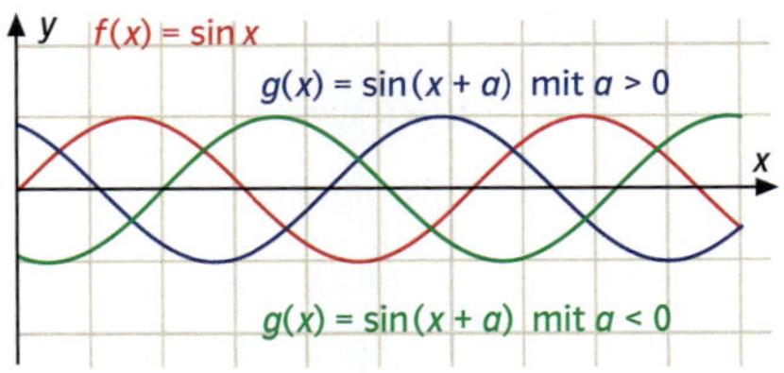

Addition einer Konstanten zur Variablen

$g(x) = f(x + a)$

Der Graph wird parallel zur y-Achse verschoben.
Für $a > 0$ erfolgt dies in negativer, für $a < 0$ in positiver Achsenrichtung.

BEISPIEL: $f(x) = \sin x$, $g(x) = \sin(x + a)$

Amplitude und Periodenlänge ändern sich nicht.

Multiplikation mit einer Konstanten $a \neq 0$ und $a \neq 1$

führt zur Formänderung

Formänderung des Graphen der Funktion $y = f(x)$:

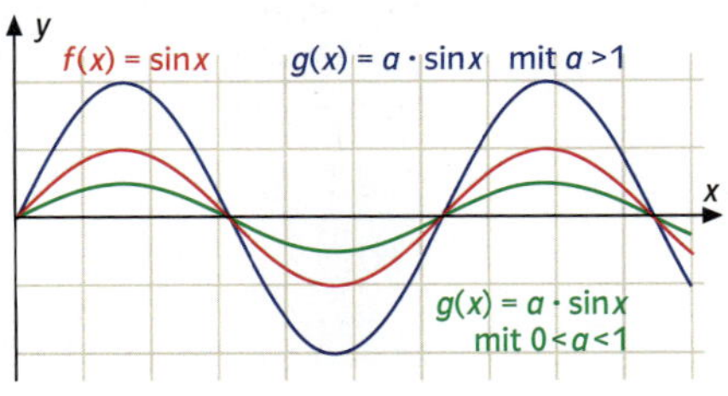

Multiplikation der Funktion mit einer Konstanten

$g(x) = a \cdot f(x)$

Ist $0 < a < 1$, so wird der Graph in Richtung der x-Achse gestaucht, bei $a > 1$ wird er in y-Richtung gestreckt. Ist $a < 0$, so bewirkt dies zusätzlich eine Spiegelung an der x-Achse.

BEISPIEL: $f(x) = \sin x$, $g(x) = a \cdot \sin x$

Die Amplitude wächst um den Faktor $|a|$.

Die Periodenlänge ändert sich nicht.

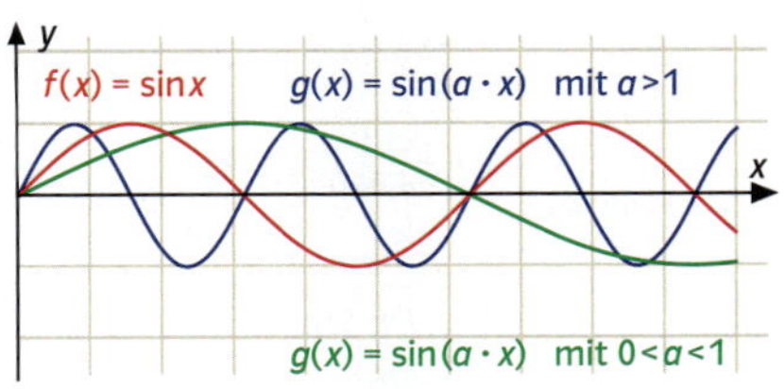

Multiplikation der Variablen mit einer Konstanten

$g(x) = f(a \cdot x)$

Ist $a > 1$, so wird der Graph längs der x-Achse gestaucht, für $0 < a < 1$ wird er gestreckt. Ist $a < 0$, so bewirkt dies zusätzlich eine Spiegelung an der y-Achse.

BEISPIEL: $f(x) = \sin x$, $g(x) = \sin(a \cdot x)$

Die Amplitude ändert sich nicht. Die Periodenlänge ändert sich um den Faktor $1/|a|$.

Differenzial- und Integralrechnung

Ableitungsregeln

	FORMEL:	BEISPIEL:
konstante Faktoren	$[c \cdot f(x)]' = c \cdot f'(x)$	$[-5 \cdot \sin(x)]' = -5 \cdot \cos(x)$
Summen/Differenzen	$[f(x) + g(x)]' = f'(x) + g'(x)$	$[5x^3 + e^x]' = 3 \cdot 5x^2 + e^x$
Produkte	$[u(x) \cdot v(x)]' = u'(x) \cdot v(x) + u(x) \cdot v'(x)$	$[x^2 \cdot \ln(x)]' = 2 \cdot x \cdot \ln(x) + x^2 \cdot \frac{1}{x}$
Quotienten	$\left[\frac{u(x)}{v(x)}\right] = \frac{u'(x) \cdot v(x) - u(x) \cdot v'(x)}{(v(x))^2}$	$\left[\frac{x^2}{1+3x}\right] = \frac{2x \cdot (1+3x) - x^2 \cdot 3}{(1+3x)^2}$
Potenzen	$[x^z]' = z \cdot x^{z-1}$ mit $z \in \mathbb{R} \setminus \{0\}$	$[5x^{-3}]' = -3 \cdot 5x^{-3-1} = -15x^{-4}$
Wurzeln	$\left[x^{\frac{p}{q}}\right]' = \frac{p}{q} \cdot x^{\frac{p}{q}-1}$ mit $p, q \in \mathbb{Z} \setminus \{0\}$	$[x^{\frac{1}{2}}]' = \frac{1}{2}x^{-\frac{1}{2}} = \frac{1}{2\sqrt{x}}$
Verkettungen (Kettenregel)	Sei $f(x) = u(v(x))$, dann ist $[f(x)]' = u'(v(x)) \cdot v'(x)$	Für $f(x) = \sqrt{x^2+1}$ ist $v(x) = x^2 + 1$ und $u(v) = \sqrt{v} = v^{\frac{1}{2}}$ $[\sqrt{x^2+1}]' = \frac{1}{2} \cdot \frac{1}{\sqrt{v(x)}} \cdot 2x = \frac{1}{\sqrt{x^2+1}} \cdot x$

Integrationsregeln

Hauptsatz:
$\int_a^b f(x)\,dx = F(b) - F(a)$
mit $F'(x) = f(x)$

FORMEL:	BEISPIEL:
$\int_a^b f(x)\,dx = -\int_b^a f(x)\,dx$	$\int_0^2 x^2\,dx = \left[\frac{x^3}{3}\right]_0^2 = \left(\frac{8}{3} - 0\right) = -\int_2^0 x^2\,dx = -\left(0 - \frac{8}{3}\right)$
$\int_a^b f(x)\,dx + \int_b^c f(x)\,dx = \int_a^c f(x)\,dx$	$\int_0^2 x^2\,dx + \int_2^4 x^2\,dx = \int_0^4 x^2\,dx$
$\int_a^b [f(x) \pm g(x)]\,dx = \int_a^b f(x)\,dx \pm \int_a^b g(x)\,dx$	$\int_0^2 (x + x^2)\,dx = \int_0^2 x\,dx + \int_0^2 x^2\,dx = \left[\frac{x^2}{2}\right]_0^2 + \left[\frac{x^3}{3}\right]_0^2 = 2 + \frac{8}{3}$
$\int_a^b k \cdot f(x)\,dx = k \cdot \int_a^b f(x)\,dx$	$\int_0^1 2x\,dx = 2 \cdot \int_0^1 x\,dx = 2 \cdot \left[\frac{x^2}{2}\right]_0^1 = 1$
$\int_a^b u(x) \cdot v'(x)\,dx = [u(x) \cdot v(x)]_a^b - \int_a^b u'(x) \cdot v(x)\,dx$	$\int_0^\pi x \cdot \sin(x)\,dx = [-x \cdot \cos(x)]_0^\pi - \int_0^\pi -\cos(x)\,dx$ $= \pi + [\sin(x)]_0^\pi = \pi$
$\int_a^b f(g(x)) \cdot g'(x)\,dx = \int_{g(a)}^{g(b)} f(z)\,dz$ mit $z = g(x);\ z' = g'(x)$	$\int_0^1 \frac{2x}{\sqrt{1+x^2}}\,dx = \int_1^2 \frac{1}{\sqrt{z}}\,dz = [2\sqrt{z}]_1^2 \approx 0{,}83$ mit $z = 1 + x^2;\ z' = 2x$
$\int_a^b \frac{f'(x)}{f(x)}\,dx = \ln\lvert f(b)\rvert - \ln\lvert f(a)\rvert$	$\int_0^1 \frac{2x}{x^2+1}\,dx = \int_0^1 \frac{(x^2+1)'}{(x^2+1)}\,dx = \int_1^2 \frac{dz}{z} = [\ln\lvert z\rvert]_1^2 = \ln(2)$ mit $z = x^2 + 1$

Wichtige Ableitungen $f'(x)$ und Stammfunktionen $F(x)$ von $f(x)$

$f'(x)$	$f(x)$	$F(x)$
0	c	$c \cdot x$
$n \cdot x^{n-1}$	x^n	$\frac{x^{n+1}}{n+1}$ $(n \neq -1)$
$-\frac{c}{x^2}$	$\frac{c}{x}$	$c \cdot \ln(\lvert x\rvert)$ $(x \neq 0)$
e^x	e^x	e^x
$a^x \cdot \ln(a)$	a^x	$\frac{a^x}{\ln(a)}$ $(a > 0;\ a \neq 1)$
$\frac{1}{2} \cdot \frac{a}{\sqrt{ax+b}}$	$\sqrt{ax+b}$	$\frac{2}{3a}\sqrt{(ax+b)^3}$
$\frac{-2x}{\sqrt{a^2-x^2}}$	$\sqrt{a^2-x^2}$	$\frac{x}{2}\sqrt{a^2-x^2} + \frac{a^2}{2}\arcsin\frac{x}{a}$
$\frac{1}{x}$	$\ln(x)$	$x \cdot \ln(x) - x$ $(x > 0)$

$f'(x)$	$f(x)$	$F(x)$
$\frac{-2x}{(x^2-a^2)^2}$	$\frac{1}{x^2-a^2}$ $(\lvert x\rvert > \lvert a\rvert)$	$\frac{1}{2a} \cdot \ln\left(\frac{x-a}{x+a}\right)$
$\cos(x)$	$\sin(x)$	$-\cos(x)$
$-\sin(x)$	$\cos(x)$	$\sin(x)$
$-\frac{\cos(x)}{\sin^2(x)}$	$\frac{1}{\sin(x)}$ $(x \neq n \cdot \pi,\ n \in \mathbb{Z})$	$\ln\left(\left\lvert\tan\left(\frac{x}{2}\right)\right\rvert\right)$
$-\frac{2 \cdot \cos(x)}{\sin^3(x)}$	$\frac{1}{\sin^2(x)}$ $(x \neq n \cdot \pi,\ n \in \mathbb{Z})$	$-\cot(x)$
$\frac{2 \cdot \sin(x)}{\cos^3(x)}$	$\frac{1}{\cos^2(x)}$ $(x \neq (2n+1) \cdot \frac{\pi}{2},\ n \in \mathbb{Z})$	$\tan(x)$
$\tan^2(x) + 1$	$\tan(x)$ $(x \neq (2n+1) \cdot \frac{\pi}{2},\ n \in \mathbb{Z})$	$-\ln(\lvert\cos(x)\rvert)$

Vektoren

Koordinatendarstellung von Vektoren

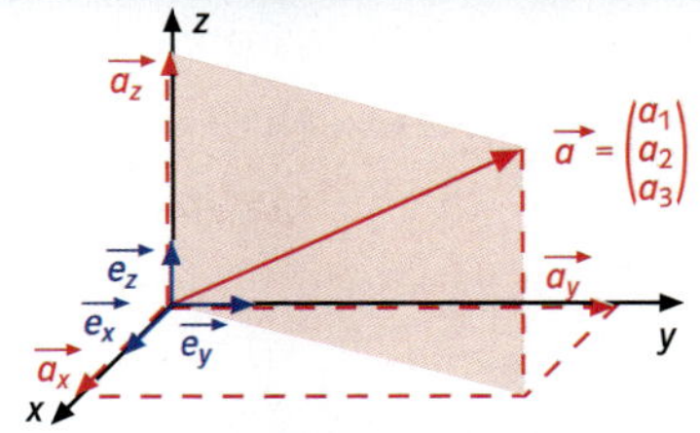

Werden die Koordinatenachsen mit *x, y, z* und die zugehörigen Einheitsvektoren mit $\vec{e_x}, \vec{e_y}, \vec{e_z}$ bezeichnet, so erhält man für die Komponenten eines Vektors $\vec{a}$:

$\vec{a_x} = a_1 \cdot \vec{e_x}; \; \vec{a_y} = a_2 \cdot \vec{e_y}; \; \vec{a_z} = a_3 \cdot \vec{e_z}$

Damit gilt

$\vec{a} = \vec{a_x} + \vec{a_y} + \vec{a_z} = a_1 \cdot \vec{e_x} + a_2 \cdot \vec{e_y} + a_3 \cdot \vec{e_z}$

Verknüpfung von Vektoren in der Koordinatendarstellung

Schreibweise	Addition	Multiplikation mit Skalar	Skalarprodukt	Vektorprodukt
in Spaltenform	$\vec{a} + \vec{b} =$	$r \cdot \vec{a} =$	$\vec{a} \cdot \vec{b} =$	$\vec{a} \times \vec{b} =$
$\vec{a} = \begin{pmatrix} a_1 \\ a_2 \\ a_3 \end{pmatrix}; \; \vec{b} = \begin{pmatrix} b_1 \\ b_2 \\ b_3 \end{pmatrix}$	$\begin{pmatrix} a_1 + b_1 \\ a_2 + b_2 \\ a_3 + b_3 \end{pmatrix}$	$\begin{pmatrix} r \cdot a_1 \\ r \cdot a_2 \\ r \cdot a_3 \end{pmatrix}$ $(r \in \mathbb{R})$	$a_1 \cdot b_1 + a_2 \cdot b_2 + a_3 \cdot b_3$	$\begin{pmatrix} a_2 \cdot b_3 - a_3 \cdot b_2 \\ a_3 \cdot b_1 - a_1 \cdot b_3 \\ a_1 \cdot b_2 - a_2 \cdot b_1 \end{pmatrix}$

Das Skalarprodukt

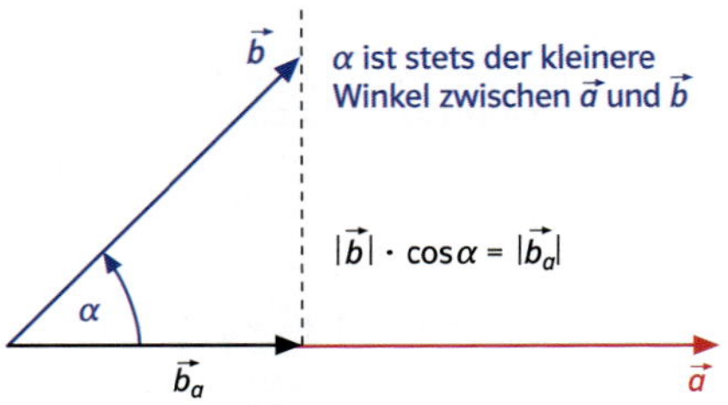

1. Das Skalarprodukt $\vec{a} \cdot \vec{b}$ zweier Vektoren ist eine reelle Zahl.
2. Es ist: $\vec{a} \cdot \vec{b} = |\vec{a}| \cdot |\vec{b_a}| = |\vec{a}| \cdot |\vec{b}| \cdot \cos\alpha$

$|\vec{a}| = \sqrt{a_1^2 + a_2^2 + a_3^2}; \; |\vec{b}| = \sqrt{b_1^2 + b_2^2 + b_3^2}$

$\vec{a_1} = a_1 \cdot \vec{e_1}; \; \vec{a_2} = a_2 \cdot \vec{e_2}; \; \vec{a_3} = a_3 \cdot \vec{e_3};$

$\vec{b_a}$ erhält man durch senkrechte Projektion von $\vec{b}$ auf $\vec{a}$, α ist der kleinere der von den Pfeilen der beiden Vektoren gebildete Winkel.

Das Vektorprodukt (Kreuzprodukt)

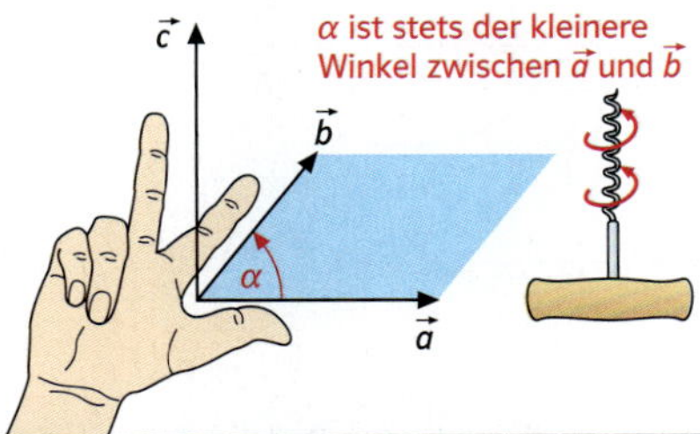

1. Das Vektorprodukt $\vec{a} \times \vec{b}$ zweier Vektoren ist ein Vektor $\vec{c}$, der senkrecht auf $\vec{a}$ und $\vec{b}$ steht.
2. Es ist: $|\vec{c}| = |\vec{a} \times \vec{b}| = |\vec{a}| \cdot |\vec{b}| \cdot \sin\alpha$

$|\vec{a}| \cdot |\vec{b}| \cdot \sin\alpha$ ist der Flächeninhalt des von $\vec{a}$ und $\vec{b}$ aufgespannten Parallelogramms.
Die Richtung von $\vec{c}$ ergibt sich, wenn man $\vec{a}$ um den Winkel α in Richtung von $\vec{b}$ wie mit einer Rechtsschraube dreht.

Verknüpfungsregeln für Vektoren

	Addition	Multiplikation mit Skalar	Skalarprodukt	Vektorprodukt
kommutativ	$\vec{a} + \vec{b} = \vec{b} + \vec{a}$	$r \cdot \vec{a} = \vec{a} \cdot r$	$\vec{a} \cdot \vec{b} = \vec{b} \cdot \vec{a}$	nein, aber: $\vec{a} \times \vec{b} = -(\vec{b} \times \vec{a})$
assoziativ	$\vec{a} + (\vec{b} + \vec{c}) = (\vec{a} + \vec{b}) + \vec{c}$	$r \cdot (s \cdot \vec{a}) = (r \cdot s) \cdot \vec{a}$	nein	nein, aber: $r \cdot (\vec{a} \times \vec{b}) = (r \cdot \vec{a}) \times \vec{b} = \vec{a} \times (r \cdot \vec{b})$
distributiv	$r \cdot (\vec{a} + \vec{b}) = (r \cdot \vec{a}) + (r \cdot \vec{b})$ $(r + s) \cdot \vec{a} = (r \cdot \vec{a}) + (s \cdot \vec{a})$		$\vec{a} \cdot (\vec{b} + \vec{c}) = \vec{a} \cdot \vec{b} + \vec{a} \cdot \vec{c}$	$\vec{a} \times (\vec{b} + \vec{c}) = \vec{a} \times \vec{b} + \vec{a} \times \vec{c}$

Geometrische Operationen mit Pfeilen

Summe $\vec{a} + \vec{b}$

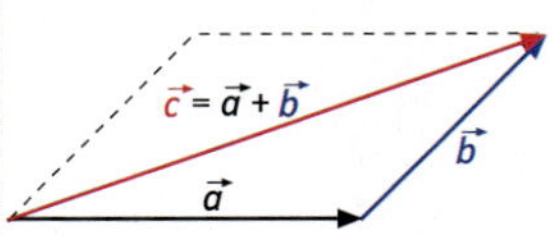

Subtraktion $\vec{a} - \vec{b}$

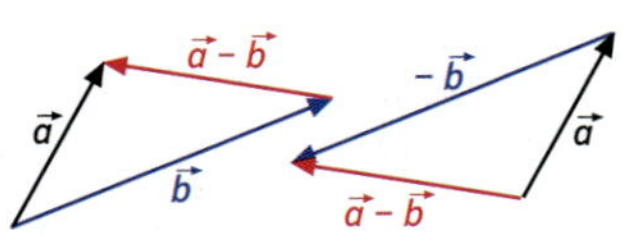

Multiplikation mit einem Skalar $n \cdot \vec{a}$

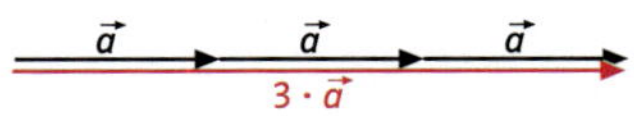

Inverser Vektor $-\vec{a}$

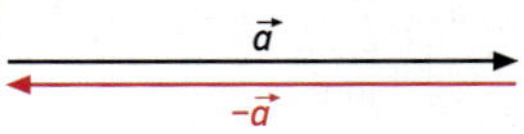

Nullvektor $\vec{0}$

Es ist: $\vec{a} + (-\vec{a}) = \vec{0}$

Dreiecksungleichung

$|\vec{a}| + |\vec{b}| \geq |\vec{a} + \vec{b}| \geq |\vec{a}| - |\vec{b}|$

Kegelschnitte

Kegelschnittsgleichungen

numerische Exzentrizität ε

in Polarkoordinaten:

$$\frac{r}{q + r \cdot \cos\alpha} = \varepsilon \Leftrightarrow r = \frac{\varepsilon \cdot q}{1 - \varepsilon \cdot \cos\alpha}$$

mit $\varepsilon \cdot q = p$

in kartesischen Koordinaten:

$$\sqrt{x^2 + y^2} = p + \varepsilon x \Leftrightarrow x^2(1 - \varepsilon^2) - 2p\varepsilon x + y^2 = p^2 \text{ mit } p = \varepsilon \cdot q$$

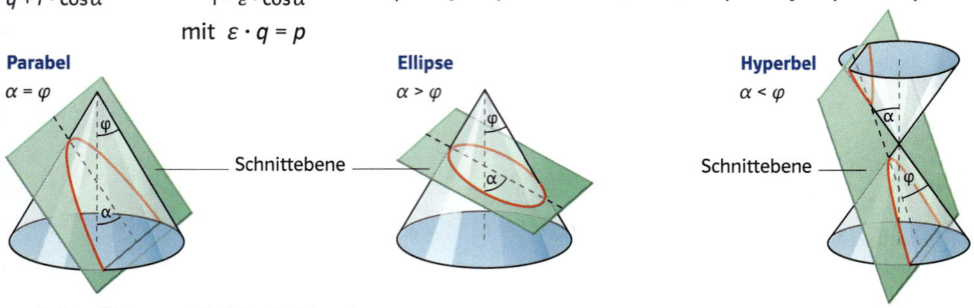

φ = halber Öffnungswinkel des Kreiskegels
α = Neigung der Schnittebene gegenüber der Kegelachse

Parabel

$\alpha = \varphi$ $\varepsilon = 1$ $F(0|0)$

$y^2 = 2p \cdot \left(x + \frac{p}{2}\right)$

mit $p = \varepsilon \cdot q$

Scheitelpunkt S: $\left(-\frac{p}{2} | 0\right)$

Ellipse

$\alpha > \varphi$ $M(0|0)$ $0 \leq \varepsilon < 1$

$\frac{x^2}{a^2} + \frac{y^2}{b^2} = 1$

mit $a^2 = \frac{p^2}{(1 - \varepsilon^2)^2}$ und $b^2 = \frac{p^2}{1 - \varepsilon^2}$

a, b: Halbachsen

Hyperbel

$\alpha < \varphi$ $M(0|0)$ $\varepsilon > 1$

$\frac{x^2}{a^2} - \frac{y^2}{b^2} = 1$

mit $a^2 = \frac{p^2}{(1 - \varepsilon^2)^2}$ und $b^2 = \frac{p^2}{1 - \varepsilon^2}$

$\frac{r}{s} = \varepsilon$

$\frac{p}{q} = \varepsilon$

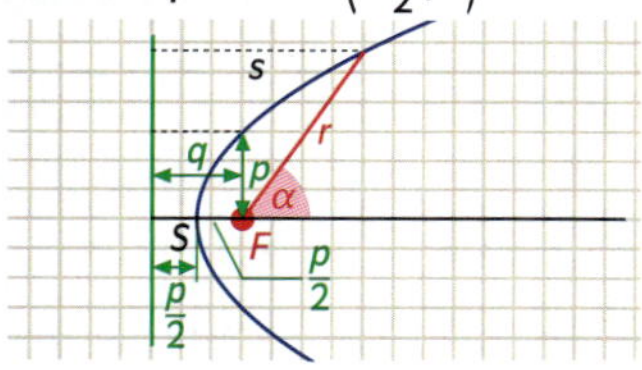

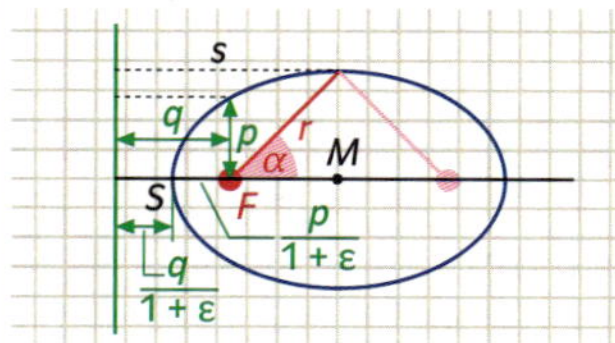

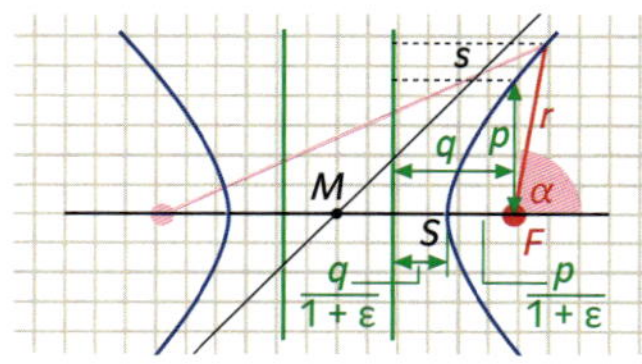

Scheitelpunktsgleichungen

$r = \frac{p}{1 - \varepsilon \cdot \cos\alpha}$; $\varepsilon = 1$

$r = \frac{p}{1 - \varepsilon \cdot \cos\alpha}$; $0 \leq \varepsilon < 1$

$r = \frac{p}{1 - \varepsilon \cdot \cos\alpha}$; $\varepsilon > 1$

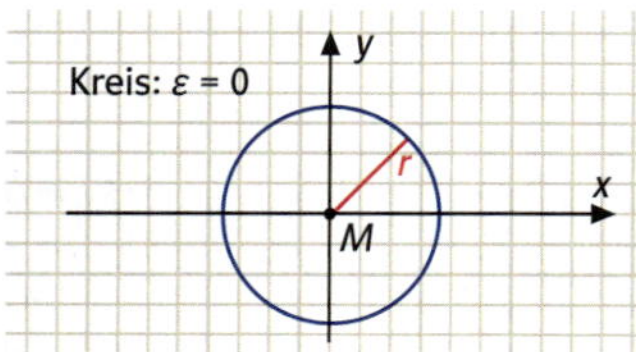

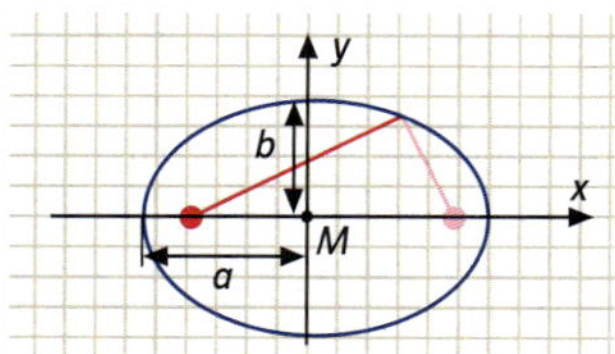

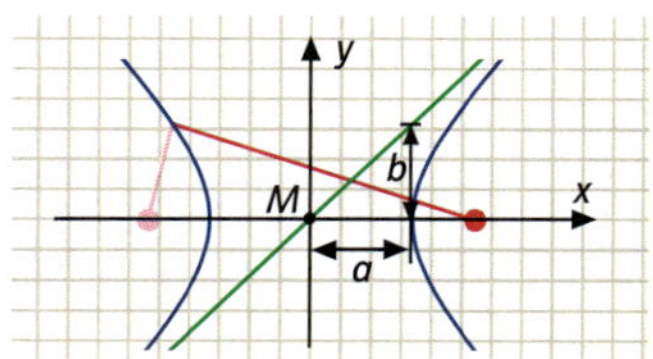

Mittelpunktsgleichungen

$x^2 + y^2 = r^2$

$\frac{x^2}{a^2} + \frac{y^2}{b^2} = 1$

$\frac{x^2}{a^2} - \frac{y^2}{b^2} = 1$

Beispiele

Planeten bewegen sich auf Ellipsen um die Sonne, die in einem der Brennpunkte steht.

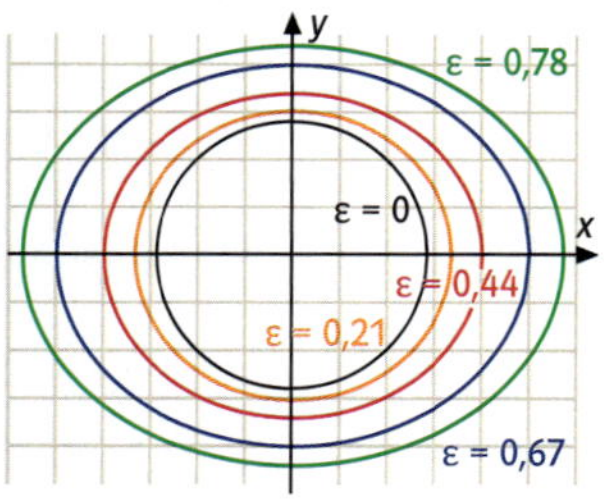

Ellipsen mit verschiedenen ε

Ellipsen mit wachsender großer Halbachse und zunehmenden Werten der numerischen Exzentrizität.

Planet	**ε**
Merkur	0,2056
Venus	0,0068
Erde	0,0167
Mars	0,0934
Jupiter	0,0485
Zwergplanet	
Pluto	0,2476
Komet	
Halley	0,967

Interferenz-Hyperbeln

Die Überlagerung ebener Wellen gleicher Frequenz und konstanter Phasenlage zeigt Interferenz-Hyperbeln.

Komplexe Zahlen

Darstellung komplexer Zahlen z

imaginäre Einheit i

$z = x + i \cdot y$ mit $x, y \in \mathbb{R}$ und $i^2 = -1$
in algebraischer Form

Konjugiert komplexe Zahl $\bar{z} = x - i \cdot y$

$z = (r|\alpha) = r \cdot (\cos\alpha + i \cdot \sin\alpha) = r \cdot E(\alpha)$ mit $r, \alpha \in \mathbb{R}$
in Polarkoordinaten (Zeigerdarstellung)

$r \cdot \cos\alpha = x,\ r \cdot \sin\alpha = y,\ E(-\alpha) = \frac{1}{E(\alpha)}$

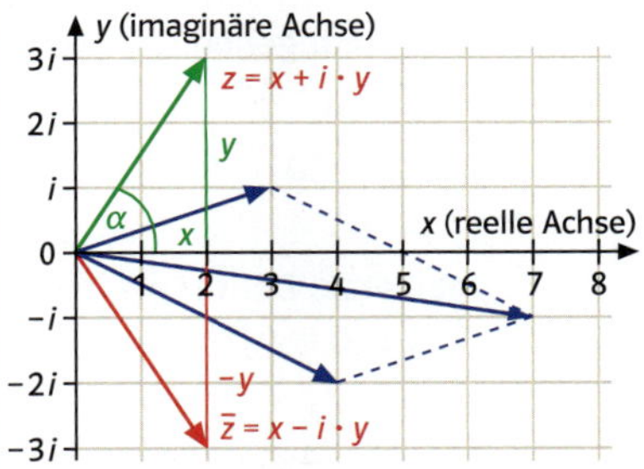

Die komplexe Zahlenebene

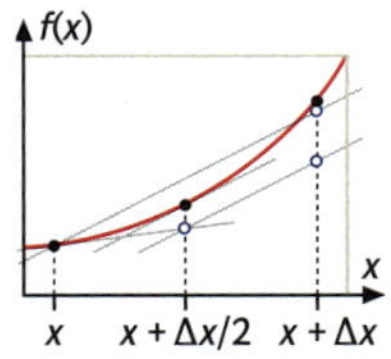

Polarkoordinaten, Ebene der komplexen Zahlen

Rechenoperationen

Addition und Subtraktion

$z_1 \pm z_2 = (x_1 \pm x_2) + i \cdot (y_1 \pm y_2)$

$z_1 \pm z_2 = (r_1 \cos\alpha_1 \pm r_2 \cos\alpha_2) + i \cdot (r_1 \sin\alpha_1 \pm r_2 \sin\alpha_2)$

Multiplikation

$z_1 \cdot z_2 = (x_1 \cdot x_2 - y_1 \cdot y_2) + i \cdot (x_1 \cdot y_2 + y_1 \cdot y_2)$

$z_1 \cdot z_2 = r_1 \cdot r_2 \cdot E(\alpha_1 + \alpha_2)$

Division

$\frac{z_1}{z_2} = \frac{x_1 \cdot x_2 + y_1 \cdot y_2}{x_2^2 + y_2^2} + i \cdot \frac{x_2 \cdot y_1 - x_1 \cdot y_2}{x_2^2 + y_2^2}$

$\frac{z_1}{z_2} = \frac{r_1}{r_2} \cdot E(\alpha_1 - \alpha_2)$

Potenz

$z^n = (x + i \cdot y)^n$

$z^n = r^n \cdot E(n \cdot \alpha)$

Wurzel

$\sqrt[n]{z} = \sqrt[n]{r} \cdot E\left(\frac{\alpha + k \cdot 2\pi}{n}\right) \quad k = 0; 1; 2; 3 \ldots$

Logarithmus

$\ln z = \ln|z| + i \cdot (\alpha + k \cdot 2\pi) \quad k = 0; 1; 2; 3 \ldots$

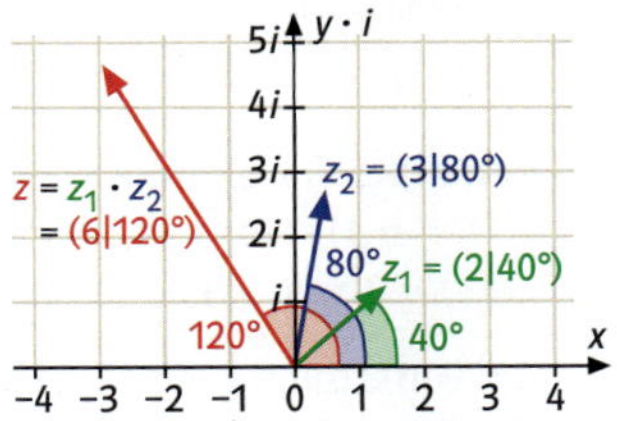

Produkt $z_1 \cdot z_2$ mit Polarkoordinaten

Differenzialgleichungen

Lineare Differenzialgleichungen

mit konstanten Koeffizienten

DIFFERENZIALGLEICHUNG:

$f'(x) + a \cdot f(x) = 0$ für alle $x \in \mathbb{R}$

$f'(x) + a \cdot f(x) = g(x)$, $g(x)$ stetig

$f''(x) + a \cdot f'(x) + b \cdot f(x) = 0$ für alle $x \in \mathbb{R}$

a) $a^2 - 4b > 0$ mit $r_{1;2} = \frac{-a \pm \sqrt{a^2 - 4b}}{2}$

b) $a^2 - 4b = 0$

c) $a^2 - 4b < 0$ mit $k = \sqrt{b - \frac{a^2}{4}}$

$A = \sqrt{c_1^2 + c_2^2} \neq 0;$ $\tan\varphi = \frac{c_1}{c_2};$

LÖSUNG: (a, b, c reelle Konstanten)

$f(x) = c \cdot e^{-ax}$

$f(x) = e^{-ax}\left(c + \int_x^0 g(x) \cdot e^{ax}\,dx\right);$ $f(0) = c$

$f(x) = c_1 \cdot e^{r_1 x} + c_2 \cdot e^{r_2 x}$

$f(x) = e^{-\frac{a}{2}x} \cdot (c_1 + c_2 \cdot x)$

$f(x) = e^{-\frac{a}{2}x} \cdot [c_1 \cdot \cos(k \cdot x) + c_2 \cdot \sin(k \cdot x)]$

$= A \cdot e^{-\frac{a}{2}x} \cdot \sin(k \cdot x + \varphi)$

Numerische Verfahren

Allgemeine Bemerkungen

Oft lässt sich ein funktionaler Zusammenhang durch fortgesetztes lineares Annähern in kleinen Intervallschritten finden. Aus dem an der Stelle x_0 bekannten Funktionswert $f(x_0)$ und weiteren Ableitungen $f'(x)$ werden näherungsweise weitere Funktionswerte $f^*(x)$ berechnet. Meist stimmen die Näherungswerte $f^*(x)$ umso besser mit den Funktionswerten überein, je kleiner der Intervallschritt ist.

Euler-Verfahren

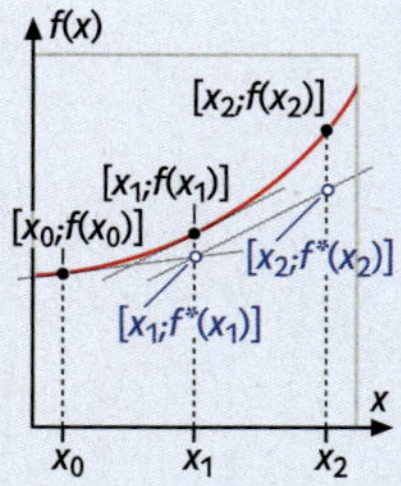

Hat eine Funktion an der Stelle x_0 die Ableitung $f'(x_0)$, so gilt für ein nahe bei x_0 liegendes $x_1 = x_0 + \Delta x$ die Näherungsformel

$$f(x_1) \approx f(x_0) + f'(x_0) \cdot \Delta x.$$

Der erste Näherungswert lautet dann:
$f^*(x_1) = f(x_0) + f'(x_0) \cdot \Delta x$

Setzt man das Verfahren fort, so ergibt sich
$f^*(x_{n+1}) = f^*(x_n) + f'(x_n) \cdot \Delta x$ mit $\Delta x = x_{n+1} - x_n$.

$f'(x_n)$ ist die Steigung im Punkt $[x_n; f^*(x_n)]$.

Nach derselben Rechenvorschrift werden aus den vorangehenden alten Werten neue bestimmt:
$x_{neu} = x_{alt} + \Delta x$

$f(x_{neu}) = f(x_{alt}) + f'(x_{alt}) \cdot \Delta x$

BEISPIEL: Der Ort $s(t)$ eines mit der Geschwindigkeit $s'(t) = v(t)$ bewegten Körpers ergibt sich durch

$t_{neu} = t_{alt} + \Delta t$ zu
$s_{neu} = s_{alt} + s'_{alt} \cdot \Delta t$ bzw. $s_{neu} = s_{alt} + v_{alt} \cdot \Delta t$.

Halbschritt-Verfahren

(nach Heun)

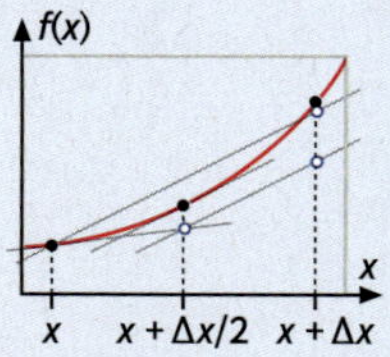

Zur linearen Annäherung wird die Steigung $f'(x)$ in der Intervallmitte $x + \Delta x/2$ genommen.

1. Näherung für die Intervallmitte
   $f^*(x_n + \Delta x/2) = f^*(x_n) + f'(x_n) \cdot \Delta x/2$
2. Steigung in der Intervallmitte
   $f'(x_n + \Delta x/2) = m$
3. Verbesserte Näherung bei $x_{n+1} = x_n + \Delta x$
   $f^*(x_{n+1}) = f^*(x_n) + m \cdot \Delta x$

BEISPIEL: Der Ort $s(t)$ eines mit der Geschwindigkeit $s'(t) = v(t)$ bewegten Körpers ergibt sich durch

1. $t_{neu} = t_{alt} + \Delta t/2$ zu
   $s(t_{alt} + \Delta t/2) = s(t_{alt}) + v(t_{alt}) \cdot \Delta t/2$
2. $v(t_{alt} + \Delta t/2) = s'(t_{alt} + \Delta t/2)$
3. Verbesserte Näherung für $t_{neu} = t_{alt} + \Delta t$
   $s(t_{neu}) = s(t_{alt} + \Delta t) = s(t_{alt}) + v(t_{alt} + \Delta t/2) \cdot \Delta t$

Runge-Kutta

(4. Ordnung)

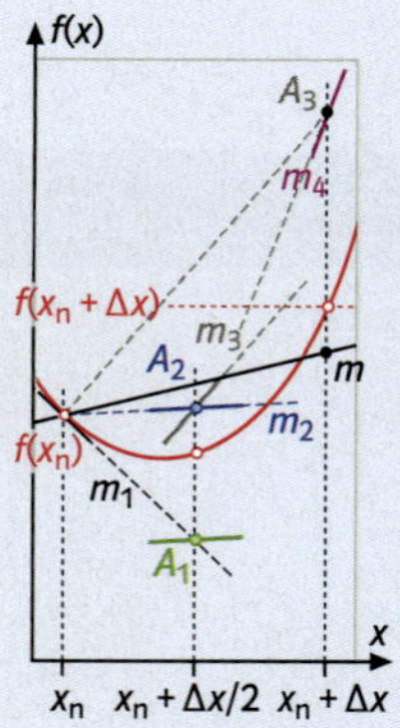

Zur linearen Fortschreibung werden vier Steigungen m_1, m_2, m_3, m_4 wie folgt ermittelt:

1. Die Steigung $m_1 = f_1'(x_n)$ zu Beginn liefert als 1. Näherung für die Intervallmitte
   $f_1(x_n + \Delta x/2) = f(x_n) + m_1 \cdot \Delta x/2$ und den Punkt $A_1 = [x_n + \Delta x/2; f_1(x_n + \Delta x/2)]$
2. Bei $x_n + \Delta x/2$ hat $f(x_n)$ die Steigung $m_2 = f_1'(x_n + \Delta x/2)$.
   Mit dieser ergibt sich in der Intervallmitte ein 2. Näherungswert:
   $f_2(x_n + \Delta x/2) = f(x_n) + m_2 \cdot \Delta x/2$ und der Punkt $A_2 = [x_n + \Delta x/2; f_2(x_n + \Delta x/2)]$
3. Die Steigung $m_3 = f_2'(x_n + \Delta x/2)$ liefert für das Intervallende den 3. Näherungswert:
   $f_3(x_n + \Delta x) = f(x_n) + m_3 \cdot \Delta x$ sowie den Punkt $A_3 = [x_n + \Delta x; f_3(x_n + \Delta x)]$
4. Bei $A_3 = [x_n + \Delta x; f_3(x_n + \Delta x)]$ hat die Funktion die Steigung $m_4 = f_3'(x_n + \Delta x)$.
5. Als Näherungswert für das ganze Intervall wird nun der gewichtete Mittelwert $m = \frac{1}{6} \cdot (m_1 + 2m_2 + 2m_3 + m_4)$ verwendet:
   $f''(x_n + \Delta x) = f''(x_n) + m \cdot \Delta x$

BEISPIEL: Für eine Bewegung mit Reibung gelte
$v'(t) = a(t) = 10\,\mathrm{m} \cdot \mathrm{s}^{-2} - 2\,\mathrm{s}^{-1} \cdot v(t)$ und
$v(1\,\mathrm{s}) = 3\,\mathrm{m/s}$ sowie $\Delta t = 0{,}2\,\mathrm{s}$; $\Delta t/2 = 0{,}1\,\mathrm{s}$

Die Hilfssteigungen m_1 bis m_4 entsprechen den Beschleunigungen a_1 bis a_4.

1. $a_1 = v'(1\,\mathrm{s}) = 10\frac{\mathrm{m}}{\mathrm{s}^2} - 2\frac{1}{\mathrm{s}} \cdot 3\frac{\mathrm{m}}{\mathrm{s}} = 4\frac{\mathrm{m}}{\mathrm{s}^2}$
   $v(1{,}1\,\mathrm{s}) = 3\frac{\mathrm{m}}{\mathrm{s}} + 4\frac{\mathrm{m}}{\mathrm{s}^2} \cdot 0{,}1\,\mathrm{s} = 3{,}4\frac{\mathrm{m}}{\mathrm{s}}$
2. $a_2 = v'(1{,}1\,\mathrm{s}) = 10\frac{\mathrm{m}}{\mathrm{s}^2} - 2\frac{1}{\mathrm{s}} \cdot 3{,}4\frac{\mathrm{m}}{\mathrm{s}} = 3{,}2\frac{\mathrm{m}}{\mathrm{s}^2}$
   $v(1{,}1\,\mathrm{s}) = 3\frac{\mathrm{m}}{\mathrm{s}} + 3{,}2\frac{\mathrm{m}}{\mathrm{s}^2} \cdot 0{,}1\,\mathrm{s} = 3{,}32\frac{\mathrm{m}}{\mathrm{s}}$
3. $a_3 = v'(1{,}1\,\mathrm{s}) = 10\frac{\mathrm{m}}{\mathrm{s}^2} - 2\frac{1}{\mathrm{s}} \cdot 3{,}32\frac{\mathrm{m}}{\mathrm{s}} = 3{,}36\frac{\mathrm{m}}{\mathrm{s}^2}$
   $v(1{,}2\,\mathrm{s}) = 3\frac{\mathrm{m}}{\mathrm{s}} + 3{,}36\frac{\mathrm{m}}{\mathrm{s}^2} \cdot 0{,}2\,\mathrm{s} = 3{,}672\frac{\mathrm{m}}{\mathrm{s}}$
4. $a_4 = v'(1{,}2\,\mathrm{s}) = 10\frac{\mathrm{m}}{\mathrm{s}^2} - 2\frac{1}{\mathrm{s}} \cdot 3{,}672\frac{\mathrm{m}}{\mathrm{s}} = 2{,}656\frac{\mathrm{m}}{\mathrm{s}^2}$
5. $a = \frac{1}{6}(a_1 + 2a_2 + 2a_3 + a_4) = 3{,}296\frac{\mathrm{m}}{\mathrm{s}^2}$
   $v(1{,}2\,\mathrm{s}) = 3\frac{\mathrm{m}}{\mathrm{s}} + 3{,}296\frac{\mathrm{m}}{\mathrm{s}^2} \cdot 0{,}2\,\mathrm{s} = 3{,}6562\frac{\mathrm{m}}{\mathrm{s}}$

3.

Astronomie

→

Einheiten und Begriffe

Astronomische Einheit	1 AE = $1{,}495\,978\,706\,91 \cdot 10^{11}$ m (engl. 1 AU)	mittlere Entfernung der Erde beim Umlauf um die Sonne
Lichtjahr	1 LJ = 63 240 AE = $9{,}460\,528\,4 \cdot 10^{15}$ m (engl. 1 ly)	Entfernung, die das Licht im Vakuum in 1 Jahr zurücklegt
Parsec	1 pc = 3,262 LJ = 206 265 AE = $3{,}085\,677\,6 \cdot 10^{16}$ m	Entfernung, in der 1 AE unter dem Winkel 1″ (es ist 1° = 3600″) erscheint
Äquator-System	Koordinatensystem am Himmel, das durch Projektion des Längen- und Breitengrad-Netzes der Erde auf die unendlich entfernt angenommene Himmelskugel entsteht.	Die gedachten Verlängerungen von Erdachse und Äquatorebene am Himmel definieren die Himmelspole und den Himmelsäquator.

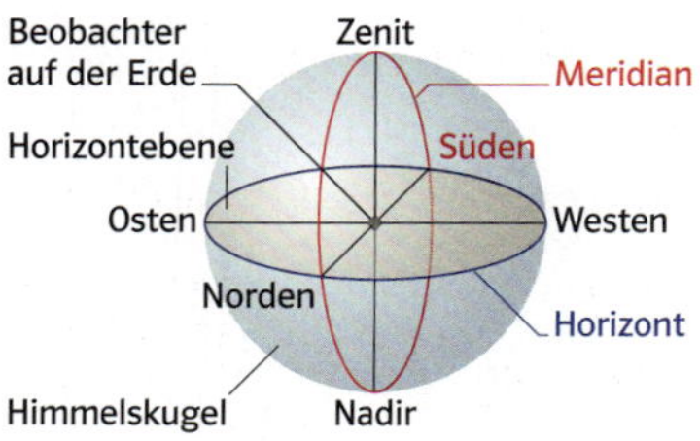

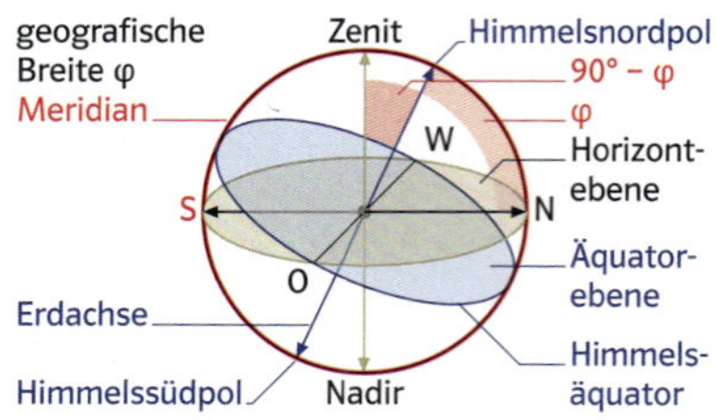

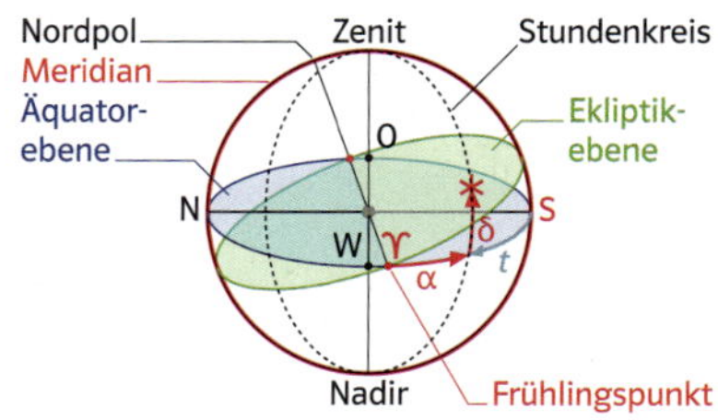

Deklination	*δ* ist der Winkelabstand eines Gestirns vom Himmelsäquator; die Deklination wird nach Norden positiv, nach Süden negativ gezählt (Pole = ± 90°, Äquator = 0°).	Von der täglichen, scheinbaren Bewegung unabhängige Zählung der Höhe eines Gestirns über der Äquatorebene
Rektaszension	*α* ist der Winkel zwischen den Großkreisen des Frühlingspunkts und des Gestirns auf dem Himmelsäquator, in Zeiteinheiten (360° ≙ 24 h) gezählt[2].	Der Frühlingspunkt ist der Schnittpunkt von Himmelsäquator und Ekliptik, an dem sich die Sonne im Frühjahr befindet.
Stundenwinkel	*t* ist der Winkel zwischen Stundenkreis (Großkreis durch Zenit und momentanen Ort des Gestirns) und Himmelsmeridian (vom Längenkreis des Ortes bestimmt), gemessen auf dem Himmelsäquator.	Der Winkel wächst mit der täglichen Erdrotation und gibt an, welche Zeit seit der oberen (südlichen) Kulmination[3] des Sterns vergangen ist.
Tag *(mittl. Sonnentag)*	1 d = 24 h = 1440 min = 86400 s = 1,002 737 904 Sterntage	Ursprünglich ein Mittelwert der unterschiedlich langen Sonnentage im Jahr
Sterntag *(mittl. Sterntag)*	1 d* = 23 h 56 min 4,091 s = 86 164,091 s = 0,997 269 572 d	Zeitspanne zwischen zwei wiederkehrenden Kulminationen[3] eines Gestirns
siderisches Jahr[1]	1 asid = 365 d 6 h 9 min 9 s = 365,256 360 d	Umlaufdauer der Erde um die Sonne relativ zum Fixsternhimmel
Sonnenjahr[1]	1 atrop = 365 d 5 h 48 min 46 s = 365,242 199 d	Auf den Frühlingspunkt[4] bezogene Umlaufdauer der Erde um die Sonne
Sekunde[1]	1 s ist Basiseinheit des SI-Einheitensystems, die durch extrem genaue Atomuhren geliefert wird.	Die Länge der Sekunde ist unabhängig von astronomischen Vorgängen.
numerische Exzentrizität *ε*	a = große Halbachse b = kleine Halbachse $\varepsilon = \sqrt{1 - \frac{b^2}{a^2}}$ 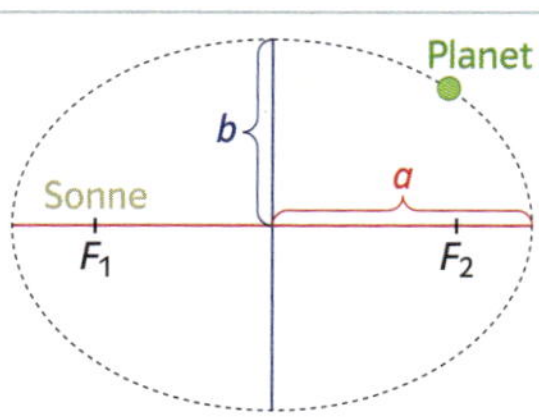	Die Form der Ellipsenbahn mit der Sonne in einem Brennpunkt ist durch ihre beiden Halbachsen festgelegt. Je näher *ε* bei 0 liegt, umso weniger weicht die Ellipse von der Kreisform ab. (In der Grafik ist die Ellipsenform zur Verdeutlichung stark übertrieben.)
Leuchtkraft *L* eines Sterns	$L = \frac{E}{t} = E \cdot 4\pi \cdot r^2$ Außerdem gilt: $L = \sigma \cdot A \cdot T^4$ (σ = Stefan-Boltzmann-Konstante)	Die Leuchtkraft *L* gibt an, wie viel Energie ein Stern pro Zeiteinheit abstrahlt. Sie hängt vom Radius *r* (bzw. der Fläche $A = \pi \cdot r^2$) und der Temperatur *T* an seiner Oberfläche ab.
scheinbare Helligkeit *m*	$m_1 - m_2 = -2{,}5\,\text{mag} \cdot \lg\left(\frac{E_1}{E_2}\right)$ Bezugspunkt ist der Fixstern Wega mit m_1 = 0 mag	Das Verhältnis der scheinbaren Helligkeiten *m* und *m* + 1 zweier Sterne ist definiert worden (es folgt dem Weber-Fechner'schen Gesetz).

Einheiten und Begriffe

absolute[5] Helligkeit M	Für den Unterschied zwischen absoluter und scheinbarer Helligkeit gilt ein Entfernungsmodul: $m - M = 5\,\text{mag} \cdot \lg\left(\frac{r}{10\,\text{pc}}\right)$	m ist die scheinbare Helligkeit eines Sterns mit der Leuchtkraft L, also proportional r^{-2}. M ist die Helligkeit des Sterns mit derselben Leuchtkraft L, wenn er sich im Abstand von 10 pc befinden würde.
Vergrößerung, Auflösungsvermögen[6]	$V = \frac{f_{Obj}}{f_{Oku}}$; $m = m_0 + 2{,}5 \cdot \log\left(\frac{D}{d}\right)^2$; $A = \frac{1{,}22\lambda}{D}$ m_0 = Grenzhelligkeit des Auges m = Grenzhelligkeit mit Fernrohr D = Objektivdurchmesser; Pupillendurchmesser d $\ddot{O}$ = D/f = Öffnungsverhältnis	Auflösungsvermögen A und Öffnungsverhältnis $\ddot{O}$ begrenzen die Vergrößerung V. Die maximale Helligkeit eines Sternbildes wird von den Durchmessern des Objektivs D und der Pupille d bestimmt. Ohne sichtbare Beugungsringe wird ein Stern optimal (1 mm) abgebildet, wenn $\lvert f_{Oku} \rvert = f_{Obj}/D$ ist.

[1] Die Rotationsgeschwindigkeit der Erde nimmt infolge der Gezeitenreibung langsam ab. Die Jahreslänge von 365 bzw. 366 Tagen zu konstant 86 400 s (das ist die SI-Einheit „Sekunde" von Atomuhren) pro Tag muss daher gelegentlich der zunehmenden astronomischen Jahreslänge durch Einfügen von extra „Schaltsekunden" angepasst werden.

[2] ausgehend vom Frühlingspunkt im Gegenuhrzeigersinn.

[3] Die Kulminationen (Höchststände) der Gestirne im Süden liegen alle auf demselben Großkreis, dem Meridian der Himmelskugel, der durch die Himmelspole sowie durch den Zenit des Ortes verläuft.

[4] Die Ekliptik ist die scheinbare Bahn der Sonne um die Erde im Laufe eines Jahres durch den Fixsternhimmel. Bei Tagundnachtgleiche im Frühjahr schneidet die Sichtlinie von der Erde zur Sonne die Ekliptik im Frühlingspunkt. Er ist der Nullpunkt der Rektaszension, dem Winkel zum Stundenkreis des Sterns, der von Süden aus in Stunden-Minuten-Sekunden-Einheiten gezählt wird. Wegen der Präzession der Erdachse verschiebt sich der Frühlingspunkt entgegen der scheinbaren Sonnenbewegung um 0,014 Grad pro Jahr (das sind 360° in rund 25 800 Jahren). Deshalb ist ein mittlerer Sterntag um 0,008 s kürzer als ein siderischer.

[5] Die Sonne würde mit ihrer Leuchtkraft aus der Entfernung von 10 pc als ein Stern der Größe $4{,}6^m$ erscheinen.

[6] Wird A mit $(360/2\pi) \cdot 3600 = 206\,265$ multipliziert, so erhält man das Auflösungsvermögen in Bogensekunden; in der Regel wird von $m_0 = 6\,\text{mag}$ und $d \leq 7\,\text{mm}$ ausgegangen.

Helligkeitsverhältnisse bei den Größenklassen $m = 1\,\text{mag}$ bis $m = 6\,\text{mag}$[1]

Größenklassenunterschied in mag	0,0	1,0	2,0	3,0	4,0	5,0	6,0
Helligkeitsverhältnis	1	2,51	6,3	15,9	39,8	100	251

[1] Per Definition beträgt der Unterschied der Helligkeiten zwischen zwei Größenklassen $\Delta m = 1$, also $\lg(E_2/E_1) = -\frac{2}{5}$ bzw. $E_2/E_1 = 10^{-\frac{2}{5}} = \sqrt[5]{100}$.
Einem Größenklassenunterschied von 5 entspricht demnach ein Helligkeitsverhältnis von 1:100.

Helligkeit der Planeten, des Zwergsterns Pluto und einiger Fixsterne[1]

Helligkeit	Sonne	Vollmond	Venus	Mars	Jupiter	Saturn	Uranus	Neptun	Pluto
***m* in mag**	−26,73	−12,5	−4,4	−3,1	−2,7	−0,6	5,3	7,5	14,0
	Sirius	Arktur	Wega	Rigel	Atair	Spica	Aldebaran	Pollux	Polarstern
***m* in mag**	−1,6	−0,1	0,03	0,12	0,8	0,9	1,1	1,2	+8,6
***M* in mag**	+1,4	−0,3	+0,5	−7,1	+2,2	−3,6	−0,2	+0,7	−4,6

[1] bei den Planeten die größte Helligkeit in Erdnähe

Refraktion und Absorption der Atmosphäre – van-Allen-Gürtel

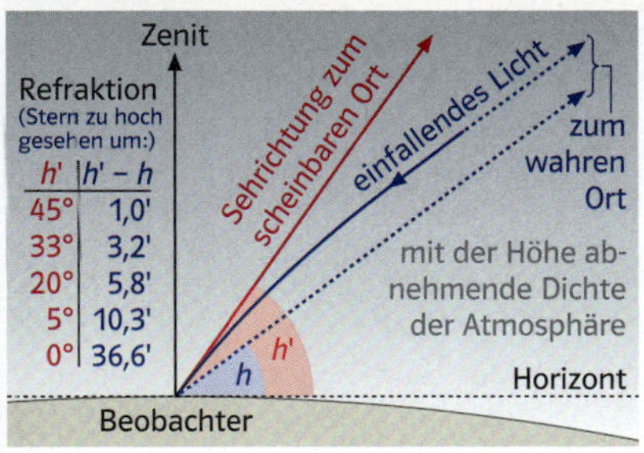

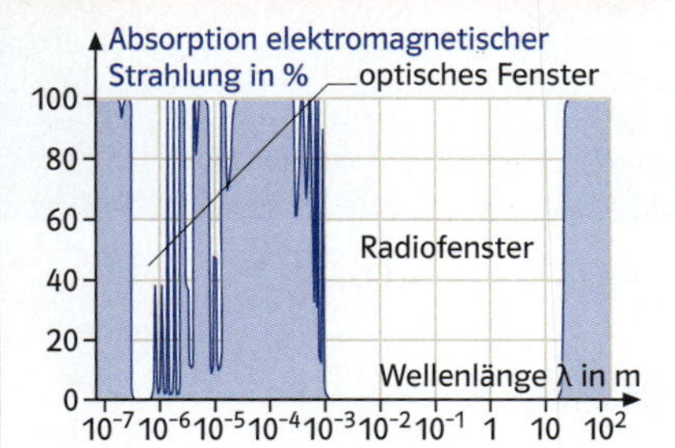

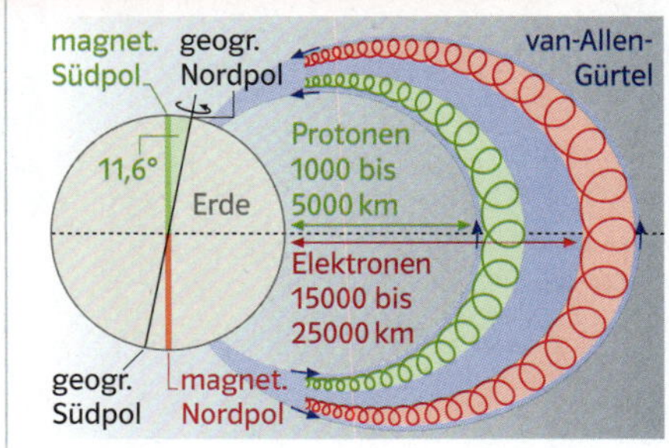

Ekliptik mit Sternbildern des Tierkreises[1]

Sternbild *(lateinischer Name)*		Breite
Widder *(Aries)*	♈	25°
Stier *(Taurus)*	♉	37°
Zwillinge *(Gemini)*	♊	28°
Krebs *(Cancer)*	♋	20°
Löwe *(Leo)*	♌	36°
Jungfrau *(Virgo)*	♍	44°
Waage *(Libra)*	♎	23°
Skorpion *(Scorpius)*	♏	25°
Schütze *(Sagittarius)*	♐	33°
Steinbock *(Capricornus)*	♑	28°
Wassermann *(Aquarius)*	♒	24°
Fische *(Pisces)*	♓	37°

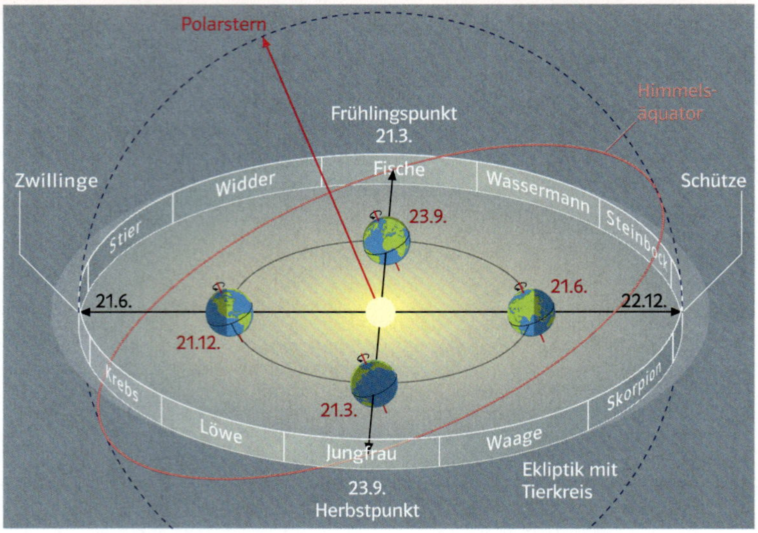

[1] Im scheinbaren Lauf um die Erde wandert der Auftreffpunkt des Sehstrahles von der Erde zur Sonne auf die Himmelskugel beim mittäglichen Höchststand während eines Jahres durch 12 Sternbilder. Die Gesamtheit dieser längs der Ekliptik angeordneten Sternbilder bildet den Tierkreis. Er besteht aus 12 gleich großen Tierkreisbereichen (ehemals Sternbilder gleichen Namens). Infolge der Präzession der Erdachse (mit 50,26″ pro Jahr) um den Himmelspol in rund 25 800 Jahren (damit rotiert auch der Frühlingspunkt) fallen heute die Sternbilder nicht mehr mit den vor mehr als 2500 Jahren im Jahreslauf fixierten Tierkreisbildern zusammen. Der Frühlingspunkt befindet sich nach Definition am Beginn des Sternbildes Widder. Das Sternbild Widder ist heute in den Tierkreissektor der Fische verschoben, das Sternbild Fische liegt im Tierkreissektor des Wassermanns usw.

Winkel am Himmel

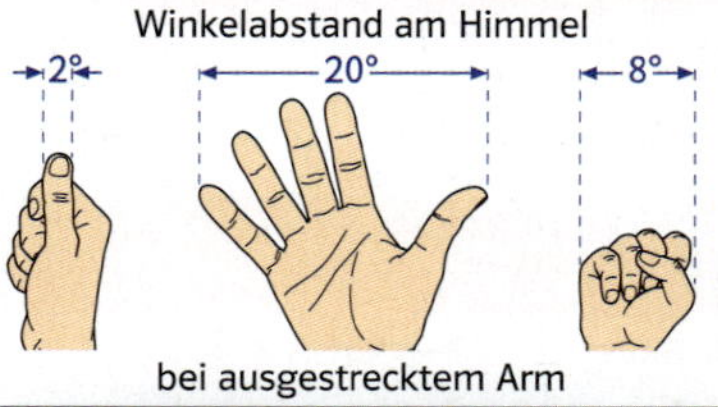

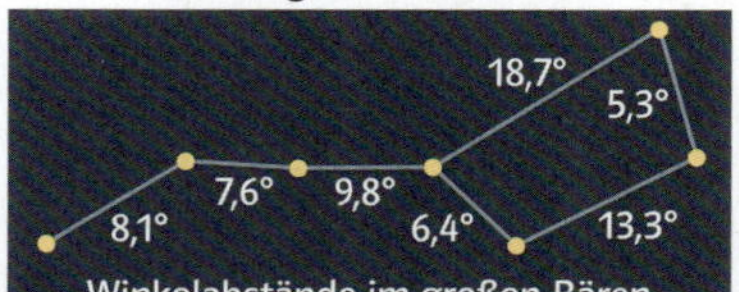

Winkelabstände im großen Bären

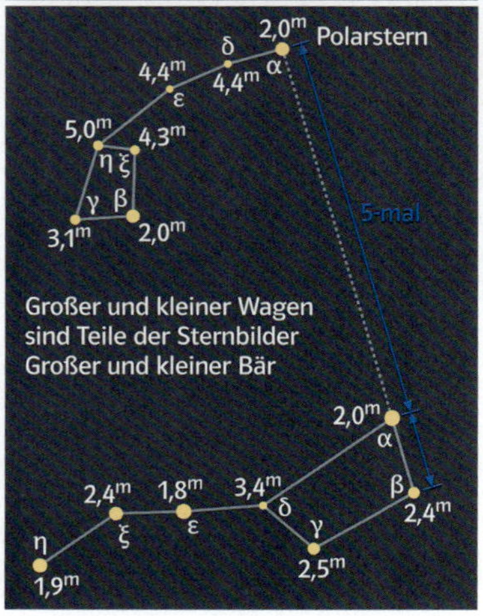

Großer und kleiner Wagen sind Teile der Sternbilder Großer und kleiner Bär

Einige Sternbilder (nicht maßstäblich und vollständig)

Die Sternbilder sind nicht alle im gleichen Maßstab und vollständig wiedergegeben.
Die Kreisgrößen bedeuten Helligkeiten:
● > 0,5 mag ● 1,5 mag – 2,5 mag • 3,5 mag – 4,5 mag ● Doppelstern
● 0,5 mag – 1,5 mag • 2,5 mag – 3,5 mag · < 4,5 mag ● veränderlicher Stern

Sichtbarkeit in Deutschland

Adler	Jul – Aug	Cepheus	immer	Krebs	Feb – Mär	Schwan	Jul – Aug
Andromeda	Okt – Nov	Drache	immer	Löwe	Mär – Apr	Skorpion	Jun – Jul
Bär, großer	immer	Fuhrmann	Dez – Jan	Leier	Jul – Aug	Stier	Dez – Jan
Bär, kleiner	immer	Giraffe	immer	Orion	Jan – Feb	Waage	Apr – Aug
Bootes	Mai – Jun	Herkules	Jun – Jul	Pegasus	Sep – Okt	Wassermann	Sep – Okt
Cassiopeia	immer	Jungfrau	Apr – Mai	Perseus	Nov – Dez	Zwillinge	Jan – Feb

Astronomische Konstanten der Sonne

mittl. Äquatorradius	$6{,}950 \cdot 10^5$ km	**Fallbeschleunigung**[6]	$274\,\text{m} \cdot \text{s}^{-2}$	**Solarkonstante**[9]	$1{,}37 \cdot 10^3\,\text{J} \cdot \text{s}^{-1}$
Oberfläche[1]	$6{,}087 \cdot 10^{12}\,\text{km}^2$	**Fluchtgeschwindigkeit**	$6{,}177 \cdot 10^5\,\text{m} \cdot \text{s}^{-1}$	**scheinbare Helligkeit** m_{vis}	−26,70
Volumen[2]	$1{,}412 \cdot 10^{18}\,\text{km}^3$	**Neigung der Rotationsachse**[7]	7° 15′	**absolute Helligkeit** M_{vis}	4,37
Masse[3]	$1{,}988\,43 \cdot 10^{30}$ kg	**Rotationsdauer am Äquator**	24,6 d	**Dicke der Photosphäre**	≈ 300 km
mittlere Dichte[4]	$1{,}408 \cdot 10^3\,\text{kg} \cdot \text{m}^{-3}$	**Rotationsdauer in Polnähe**	35 d	**Magnetfeld-Photosphäre**	$\approx 3 \cdot 10^4$ T
Massenverlust[5]	$4{,}295 \cdot 10^9\,\text{kg} \cdot \text{s}^{-1}$	**Oberflächentemperatur**	5780 K	*in Sonnenflecken*	$\approx 4 \cdot 10^7$ T
bis heute	$\approx 5 \cdot 10^{26}$ kg	**Strahlungsleistung**[8]	$3{,}85 \cdot 10^{26}$ W	*(Sonnenfleckendurchmesser*	$\approx 5 \cdot 10^4$ km)
durch Sonnenwind	$\approx 10^9\,\text{kg} \cdot \text{s}^{-1}$	**Kerntemperatur**	$\approx 15 \cdot 10^6$ K	**Umlaufdauer**[10]	$225 \cdot 10^6$ Jahre
Alter	$\approx 4{,}5 \cdot 10^9$ Jahre	**Sonnenkorona**	$\approx 2{,}7 \cdot 10^6$ K	**Spektraltyp**	G2

[1] 11930 Erdoberflächen; [2] 1304000 Erdvolumen; [3] 333000 Erdmassen; [4] 0,26fache Erddichte; [5] durch Kernfusion von $\approx 4{,}64 \cdot 10^{11}$ kg Wasserstoff zu $\approx 4{,}60 \cdot 10^{11}$ kg Helium; Geschwindigkeit des Sonnenwindes ≈ 480 km/s; [6] 28fache Erdbeschleunigung; [7] Neigung gegenüber der Ekliptik; [8] Strahlungsleistung bzw. Leuchtkraft in der Entfernung von 1 AE; [9] oberhalb Lufthülle; [10] Umlauf des Sonnensystems um das galaktische Zentrum mit ≈ 220 km/s

Astronomische Konstanten der Erde

Masse	$5{,}972\,23 \cdot 10^{24}$ kg	**Höhe stationärer Satellit**	$3{,}6 \cdot 10^4$ km	**mittlere Bahngeschwindigkeit**	$29{,}8\,\text{km} \cdot \text{s}^{-1}$
der Atmosphäre	$5{,}1 \cdot 10^{18}$ kg	**Abstand zur Sonne**[4]	$149{,}6 \cdot 10^6$ km	**siderische Umlaufdauer**	1,0004 a
Äquatorradius[1]	$6{,}378 \cdot 10^6$ m	*Minimum*[4]	$147 \cdot 10^6$ km	**siderische Rotation**	23,934 19 h
Abplattung[2]	$\frac{a-b}{a} = \frac{1}{298} = 0{,}0034$	*Maximum*[4]	$152 \cdot 10^6$ km	**Präzession der Erdachse**	25700 a
mittlere Dichte	$5{,}517 \cdot 10^3\,\text{kg} \cdot \text{m}^{-3}$	**Exzentrizität**[5]	0,0167	**Albedo**[8]	0,37
Fallbeschleunigung[3]	$9{,}7803\,\text{m} \cdot \text{s}^{-2}$	**Bahnneigung**[6]	0°	**magnetische Flussdichte**[9]	$48 \cdot 10^{-6}$ T
Fluchtgeschwindigkeit	$11{,}17 \cdot 10^3\,\text{m} \cdot \text{s}^{-1}$	**Äquatorneigung**[7]	23° 26′ 21,4119″	**Neigung der Feldachse**[9]	11,6°

[1] Mittelwert; [2] a = 12756 km = Äquatordurchmesser, b = 12714 km = Poldurchmesser;
[3] am Äquator; Mittelwert ≈ Normfallbeschleunigung $9{,}806\,65\,\text{m/s}^{-2}$; [4] Mittelwert (Minimum Anfang Januar, Maximum Anfang Juli); [5] numerische Exzentrizität (bei Kreisbahn wäre $\varepsilon = 0$); [6] Wert per Definition; [7] entsprechend Neigung der Erdachse; [8] Albedo ist das Verhältnis des Richtung Sonne reflektierten Lichtes zum senkrecht einfallenden Sonnenlicht; [9] Betrag in Frankfurt/Main; das Magnetfeld ändert sich ständig in Betrag und Richtung, der Betrag nimmt zur Zeit deutlich ab; die Flussdichte an den Magnetpolen (Feldlinien senkrecht zur Erdoberfläche) beträgt zur Zeit ≈ 72 µT, am Äquator (Feldlinien parallel zur Erdoberfläche) ≈ 26 µT (Werte von 1995).

Astronomische Konstanten des Mondes

Masse[1]	$7{,}349 \cdot 10^{22}$ kg	**Fluchtgeschwindigkeit**	$2{,}38 \cdot 10^3\,\text{m} \cdot \text{s}^{-1}$	**Albedo**[10]	0,067
Äquatorradius[2]	1738 km	**Exzentrizität**[6]	0,0549	**Temperatur** (*Tagseite*)[11]	≈ +125 °C
Abplattung[3]	$\frac{a-b}{a} = 5 \cdot 10^{-4}$	**mittlere Bahngeschwindigkeit**	$1{,}023\,\text{km} \cdot \text{s}^{-1}$	**Temperatur** (*Neumond*)	≈ −160 °C
mittlere Dichte[4]	$3{,}341 \cdot 10^3\,\text{kg} \cdot \text{m}^{-3}$	**siderische Umlaufdauer**	27,321 66 d	**Temperatur** (*Nachtseite*)	≈ −130 °C
Fallbeschleunigung	$1{,}62\,\text{m} \cdot \text{s}^{-2}$	**Bahnneigung**[7]	5° 8′ 43″	**Magnetfeld**	keines
Abstand zur Erde[5]	$384{,}4 \cdot 10^3$ km	**Äquatorneigung**[7]	1° 33′	**Finsternis, max. Dauer**	7,5 min
Minimum	$356{,}410 \cdot 10^3$ km	**siderische Rotation**[8]	27,321 66 d	*Schattenbereich*[12]	max. 260 km
Maximum	$406{,}740 \cdot 10^3$ km	**Helligkeit/Vollmond**[9]	−12,55 mag	*Geschwindigkeit*[13]	$28\,\text{km} \cdot \text{min}^{-1}$

[1] 1/81,30 Erdmasse [2] 0,272 Erdradien, höchste Erhebung über Umgebung von 11350 m [3] a = 3476 km = Äquatordurchmesser, b = Poldurchmesser [4] 0,606 Erddichte [5] 60,33 Erdradien [6] numerische Exzentrizität (bei Kreisbahn wäre $\varepsilon = 0$) [7] Mittelwert, gegen Ekliptik [8] Umlaufdauer und Rotationsdauer sind gleich [9] in mittlerer Entfernung [10] Albedo ist das Verhältnis der Richtung Erde reflektierten zur senkrecht einfallenden Strahlung [11] bei Vollmond [12] Kernschattenbereich maximal 200 km lang [13] Bewegung des Schattenbereichs auf der Erdoberfläche

Eigenschaften der Planeten (zusätzlich zum Vergleich Pluto, Sonne und Erdmond)

	Merkur	Venus	Erde	Mars	Jupiter	Saturn	Uranus	Neptun	Pluto	Sonne	Erdmond
										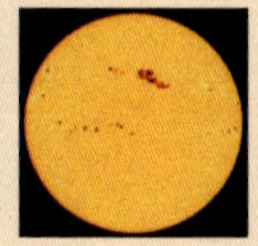	
Durchmesser am Äquator in km	4 879,4	12 103,8	12 748,3	6 794	142 984	120 536	51 118	49 528	2 302	1 390 400	3 474
Abplattung[1] $\frac{a-b}{a}$	0	0	$\frac{1}{298}$ = 0,0034	$\frac{1}{193}$ = 0,009	$\frac{1}{15,4}$ = 0,064	$\frac{1}{9,3}$ = 0,108	$\frac{1}{33}$ = 0,03	$\frac{1}{52}$ = 0,02	?	0	$5 \cdot 10^{-4}$
Masse in kg	$3,302 \cdot 10^{23}$	$4,869 \cdot 10^{24}$	$5,974 \cdot 10^{24}$	$6,419 \cdot 10^{23}$	$1,899 \cdot 10^{27}$	$5,685 \cdot 10^{26}$	$8,663 \cdot 10^{25}$	$1,028 \cdot 10^{26}$	$1,3 \cdot 10^{22}$	$1,989 \cdot 10^{30}$	$7,35 \cdot 10^{22}$
mittlere Dichte in $10^3 \, kg \cdot m^{-3}$	5,50	5,24	5,52	3,94	1,33	0,709	1,20	1,76	2,0	1,41	3,34
Fallbeschleunigung am Äquator in $m \cdot s^{-2}$	3,70	8,87	9,780	3,72	25,85	7,2	7,77	10,7	0,8	274,0	1,62
Entweichgeschwindigkeit in $km \cdot s^{-1}$	4,25	10,36	11,17	5,03	60,22	33,4	20,8	23,3	≈ 1	618	2,38
siderische Rotationsdauer in d[2]	58,6462	243,16 R[2]	0,997 269 7	1,026 389	0,413 19 am Äquator	0,444	0,72 R[2,5]	0,658[6]	6,3875 R[2]	25,380 bei 16° Breite	27,322 = Umlaufdauer
Neigung der Rotationsachse zur Umlaufbahn	0°	177,3°	23,45°	25,19°	3,07	26,73	97,86°	29,56°	122,5°	7,25° gegen Ekliptik	1,53°
max./min.[3] Temperatur in °C	426/−217	462	48/−51	17/−143	−128	−178	−216	−214	−223/−233	6053	123/−233
Albedo[4]	0,06	0,76	0,367	0,150	0,52	0,47	0,51	0,41	0,04 – 0,06	—	0,067
größte scheinbare Helligkeit in mag	−0,2	−4,08	—	−1,94	−2,4	+0,8	+5,8	+7,6	+14,7	−26,74	−12,55 bei Vollmond
Anzahl der benannten Monde[7]	—	—	1	2	49	34 + Ringsystem	21 + Ringsystem	8 + Ringsystem	1	—	—

[1] a = Äquator-, b = Poldurchmesser
[2] R bedeutet: der Planet dreht sich entgegengesetzt zum Laufsinn um die Sonne.
[3] nicht berücksichtigt sind Abweichungen durch „jahreszeitliche" Schwankungen der Sonneneinstrahlung
[4] Albedo ist das Verhältnis des reflektierten zum senkrecht einfallenden Licht (Albedo von Wolken: 0,4 – 0,8; von Schnee und Eis: 0,85; Wasserflächen: 0,04 – 0,5; Vegetation: 0,09 – 0,25; von Landflächen: 0,08 – 0,4)
[5] die Rotationsachse liegt nahezu in der Ebene der Bahn um die Sonne, im Gegensatz zu den fast senkrecht stehenden Achsen der anderen Planeten
[6] Rotationszeit für den Kern ≈ 16 d
[7] bei Jupiter, Saturn, Uranus und Neptun sind weitere Monde bekannt.

Bahndaten der Planeten (mit Pluto[1] und Erdmond zum Vergleich)

Name und Zeichen		mittlere Entfernung von der Sonne in AE	10^6 km	Lichtzeit t	siderische Umlaufdauer T in a[2]	mittlere Umlaufgeschwindigkeit in km · s⁻¹	numerische Exzentrizität ε[3]	Bahnneigung i gegen die Ekliptik[4]	kleinste / größte Entfernung von der Erde in AE	in AE
Merkur	☿	0,387	57,909	3,2 min	0,2409	47,8725	0,20562	7,00504	0,52	1,47
Venus	♀	0,723	108,209	6,0 min	0,6158	35,0214	0,00677	3,39459	0,26	1,73
Erde	♁	1,000	149,598	8,3 min	1,0000	29,7859	0,01736	0,00042	–	–
Mars	♂	1,524	227,936	12,7 min	1,8807	24,1309	0,09338	1,84993	0,37	2,67
Jupiter	♃	5,203	778,412	43,2 min	11,8565	13,0697	0,04854	1,30465	3,95	6,45
Saturn	♄	9,579	1426,725	1,3 h	29,4235	9,6724	0,05407	2,48525	8,54	11,07
Uranus	⛢	19,191	2870,972	2,7 h	83,7474	6,8352	0,04277	0,77317	17,29	21,07
Neptun	♆	30,069	4498,253	4,2 h	163,7230	5,4778	0,01086	1,76752	28,80	31,33
Pluto[1]	♇	39,442	5906,380	5,5 h	248,0208	4,7490	0,24758	17,12962	28,67	50,3
Erdmond	☾	0,00257	0,3844	1,3 s	27,32166 d	1,023	0,0549	5,10	356410 km	406740 km

[1] Pluto wird seit 2006 nur noch – wie viele andere – als Zwergplanet geführt [2] Werte beziehen sich auf die Erde 1 a = 365,256354167 d mit 1 d = 86400 s;
[3] die numerische Exzentrizität gibt die Abweichung von einer Kreisbahn mit dem Radius der großen Halbachse an [4] Angabe in Winkelgrad

Monde der Planeten des Sonnensystems

Planet Mond	Entfernung a vom Planet in 10^3 km	siderische Umlaufdauer T in d (Tagen)	Masse relativ zur Planetenmasse	Planet Mond	Entfernung a vom Planet in 10^3 km	siderische Umlaufdauer T in d (Tagen)	Masse relativ zur Planetenmasse
Erde				**Saturn (Auswahl)**			
Erdmond	384,405	27,322	$1{,}23 \cdot 10^{-3}$	1 Mimas	185,52	0,945	$6{,}7 \cdot 10^{-8}$
Mars				2 Enceladus	238,02	1,370	$1{,}83 \cdot 10^{-7}$
1 Phobos	9,377	0,319	$1{,}7 \cdot 10^{-8}$	3 Thetys	294,66	1,888	$1{,}09 \cdot 10^{-6}$
2 Deimos	23,459	1,258	$3{,}7 \cdot 10^{-9}$	4 Dione	377,40	2,737	$1{,}85 \cdot 10^{-6}$
Jupiter (Auswahl)				5 Rhea	527,04	4,518	$4{,}07 \cdot 10^{-6}$
1 Io	421,60	1,769	$4{,}68 \cdot 10^{-5}$	6 Titan	1221,85	15,945	$2{,}37 \cdot 10^{-4}$
2 Europa	670,9	3,551	$2{,}52 \cdot 10^{-5}$	7 Hyperion	1481,00	21,277	$1{,}9 \cdot 10^{-8}$
3 Ganymed	1070	7,155	$7{,}80 \cdot 10^{-5}$	8 Iapetus	3561,30	79,331	$3{,}47 \cdot 10^{-6}$
4 Callisto	1883	16,689	$5{,}66 \cdot 10^{-5}$	9 Phoebe	12952	550,48 R	$1{,}3 \cdot 10^{-8}$
5 Amalthea	181,4	0,498	$3{,}8 \cdot 10^{-9}$	10 Janus	151,47	0,695	$4{,}0 \cdot 10^{-9}$
6 Himalia	11480	250,566	$5{,}0 \cdot 10^{-9}$	**Uranus (Auswahl)**			
7 Elara	11741	259,653	$4 \cdot 10^{-10}$	1 Ariel	191,24	2,520	$1{,}56 \cdot 10^{-5}$
8 Pasiphae	23624	735 R	$1 \cdot 10^{-10}$	2 Umbriel	265,97	4,144	$1{,}35 \cdot 10^{-5}$
9 Sinope	23939	758 R	$4 \cdot 10^{-11}$	3 Titania	435,84	8,706	$4{,}06 \cdot 10^{-5}$
10 Lysithea	11720	259,22	$4 \cdot 10^{-11}$	4 Oberon	582,60	13,463	$3{,}47 \cdot 10^{-5}$
11 Carme	23404	692 R	$5 \cdot 10^{-11}$	5 Miranda	129,78	1,414	$7{,}59 \cdot 10^{-7}$
12 Ananke	21276	631 R	$2 \cdot 10^{-11}$	6 Sycorax	12179	1289	$6{,}20 \cdot 10^{-8}$
13 Leda	11165	238,72	$3 \cdot 10^{-12}$	**Neptun (Auswahl)**			
14 Thebe	222	0,675	$4 \cdot 10^{-10}$	1 Triton	354,80	5,877 R	$2{,}10 \cdot 10^{-4}$
15 Adrastea	129	0,298	$1 \cdot 10^{-11}$	2 Proteus	117,60	1,121	$4{,}90 \cdot 10^{-7}$
16 Metis	128	0,295	$5 \cdot 10^{-11}$	3 Nereide	5513,40	360,16	$3{,}04 \cdot 10^{-7}$

R bedeutet retrograde Rotation: der um seine Achse rotierende Planet wird vom Mond im entgegengesetzten Drehsinn umlaufen

Die hellsten Fixsterne

	astronomische Bezeichnung	scheinbare Helligkeit m_{vis}	absolute Helligkeit M_{vis}	Spektralklasse	Entfernung in pc
Sirius	α CMa	−1,45	+1,41	A1	2,7
Canopus	α Car	−0,73	+0,16	F0	60
Rigel Kent	α Cen	−0,10	+4,3	G2	1,33
Arcturus	α Boo	−0,06	−0,2	K2	11
Wega	α Lyr	0,04	+0,5	A0	8,1
Kapella	α Aur	0,08	−0,6	G8	14
Rigel	β Ori	0,11	−7,0	B8	250
Procyon A	α CMi	0,35	+2,65	F5	3,5
Achernar	α Eri	0,48	−2,2	B5	39
Hadar	β Cen	0,60	−5,0	B1	120
Atair	α Aql	0,77	+2,3	A7	5
Beteigeuze	α Ori	0,80	−6,0	M2	200
Aldebaran	α Tau	0,85	−0,7	K5	21
Acrux	α Cru	0,90	−3,5	B2	80
Spica	α Vir	0,96	−3,4	B1	80
Antares	α Sco	1,00	−4,7	M1	130
Pollux	β Gem	1,15	+0,95	K0	11
Fomalhaut	α PsA	1,16	+0,08	A3	7
Deneb	α Cyg	1,25	−7,3	A2	500

Die nächsten Fixsterne

	scheinbare Helligkeit m_{vis}	absolute Helligkeit M_{vis}	Spektralklasse	Entfernung in pc	Masse in m_{Sonne}	Radius in r_{Sonne}
Proxima Centauri	11,05	15,45	M5	1,31	0,1	
Alpha Centauri A	−0,01	4,3	G2	1,34	1,1	1,23
Alpha Centauri B	1,33	5,69	K5	1,34	0,89	0,87
Barnards Stern	9,54	13,25	M5	1,81		
Wolf 359	13,53	16,68	M8	2,33		
HD 95735	7,50	10,49	M2	2,49	0,35	
Sirius A	−1,45	1,41	A1	2,65	2,31	1,8
Sirius B	8,68	11,56	WZ	2,65	0,98	0,022
UV Ceti A	12,45	15,27	M5	2,72	0,044	
UV Ceti B	12,95	15,8	M6	2,72	0,035	
Ross 154	10,6	13,3	M4	2,90		
Ross 248	12,29	14,8	M6	3,15		
Epsilon Eridani	3,73	6,13	K2	3,30		0,98
L 789-6	12,18	14,6	M7	3,30		
Ross 128	11,10	13,5	M5	3,32		
61 Cygni A	5,22	7,58	K5	3,40	0,63	
61 Cygni B	6,03	8,39	K7	3,40	0,60	
Epsilon Indi	4,68	7,0	K5	3,44		
Procyon A	0,35	2,65	F5	3,50	1,77	1,7
Procyon B	10,7	13,0	A5	3,50	0,63	0,01

Spektralklassen

	Spektrum im optischen Bereich Farbeindruck und spektroskopische Besonderheit	typische Temperatur	typische Masse	Beispielstern
O	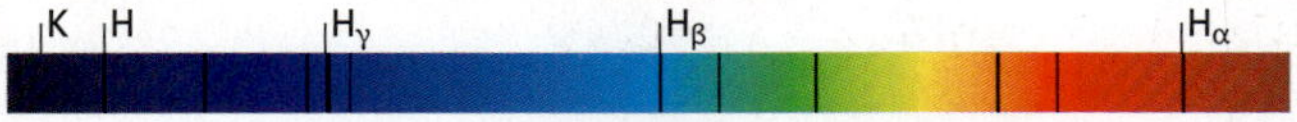 blau – Absorptionslinien mehrfach ionisierter Atome, wenig Balmerlinien von H und He+ (ionisierte Atome) und Fraunhofer	50 000 K bis 30 000 K	$60\,m_{Sonne}$	Naos (ζ Pup)
B	 blau-weiß – starke Linien von He, He^+ verschwindend, Balmerserie von H mäßig stark	30 000 K bis 10 000 K	$18\,m_{Sonne}$	Rigel (β Ori)
A	 weiß (Blaustich) – Balmerserie von H maximale Stärke, Linien von Fe^+, Ca^+ treten zunehmend auf, je kühler, desto stärker	10 000 K bis 7500 K	$3{,}2\,m_{Sonne}$	Wega (α Lyr)
F	 weiß-gelb – Balmerserie noch stark, Linien von Ca^+ und neutraler Metalle (vor allem Fe), viel mehr Linien als O – B – A - Sterne	7500 K bis 6000 K	$1{,}7\,m_{Sonne}$	Prokyon (τ Sco)
G	 gelb – Linien von Ca^+ sehr stark, Balmerserie mäßig stark, viele Linien neutraler Metalle und Moleküle wie CN und CH	6000 K bis 5000 K	$1{,}1\,m_{Sonne}$	Sonne, Kapella (α Aur)
K	 orange – Ca^+ in maximaler Stärke, starke Linien von neutralen Metallen und Molekülen, je kühler, desto mehr Linien	5000 K bis 3500 K	$0{,}8\,m_{Sonne}$	Arkturus (α Boo)
M	 rot-orange – Bandenspektrum von TiO vorherrschend, starke Linien neutraler Metalle (Ca), Balmerlinien sehr schwach	3500 K bis 2000 K	$0{,}3\,m_{Sonne}$	Antares (α Sco)

Fixsternspektren bestehen wie das Sonnenspektrum aus einem kontinuierlichen Hintergrund mit überlagerten Absorptionslinien oder -banden.

Hertzsprung-Russell-Diagramm

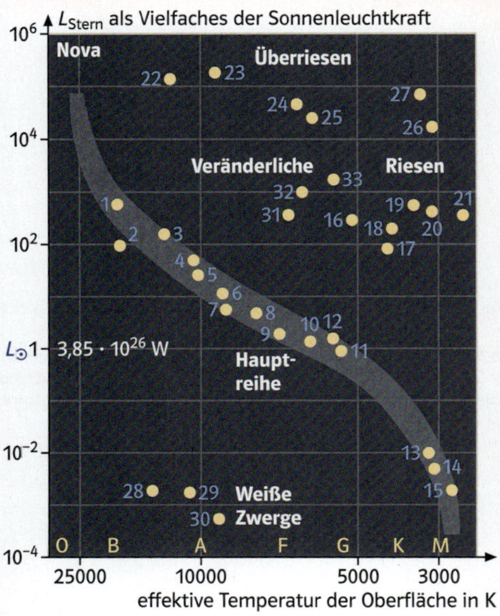

Beispiele für Sterne der Hauptreihe *(mit Spektraltyp)*

1	Spica (αVir)	B1	6	Castor (aGemi)	A1	11	Sonne	G2
2	Algol (βPersei)	B1	7	Fomalhaut (αPisc)	A3	12	Rigel Kent	G2
3	Regulus (αLeo)	B7	8	Atair (αAquila)	A7	13	Barnards Pfeilstern	M5
4	Wega (αLyr)	A0	9	Prokyon (αCanMin)	F5	14	Proxima Centauri	M5
5	Sirius (αCanisMa)	A1	10	αCentauri A	G2	15	Wolf 359	M8

Beispiele für Riesen *(mit Spektraltyp)*

16	Kapella (αAur)	G8	18	Dubhe (αUMa)	K0	20	Aldebaran (αTau)	K5
17	Pollux (βGem)	K0	19	Arkturus (αBoo)	K2	21	Mira (oCeti)	M6

Beispiele für Überriesen *(mit Spektraltyp)*

22	Rigel (βOri)	B8	24	Algenib (αPer)	F5	26	Antares (αSco)	M1
23	Deneb (αCygni)	A2	25	Polarstern (αUMin)	F8	27	Beteigeuze (αOri)	M2

Beispiele für weiße Zwerge *(mit Spektraltyp)*

28	40 Eridani B	B5	29	Sirius B	A	30	Prokyon B	A

Beispiele für Pulsationsveränderliche *(mit veränderlichem Spektraltyp)*

31	RR Lyrae	A – F	32	δ Cephei	G – K	33	Mira-Ceti	K – M

Zustandsgrößen von Fixsternen

	Spektraltyp	effektive Temperatur	Leuchtkraft als Vielfache von L_{Sonne}	Masse als Vielfache von m_{Sonne}	Radius als Vielfaches von R_{Sonne}	mittlere Dichte als Vielfache von ϱ_{Sonne}
Hauptreihe	O5	40 000 K	$5 \cdot 10^5$	40	18	0,007
	B0	28 000 K	$2 \cdot 10^4$	14	8	0,03
	B5	15 500 K	10^3	6	4,6	0,06
	A0	9 900 K	80	3	2,5	0,19
	A5	8 600 K	7,5	2	1,8	0,34
	F0	7 500 K	27	1,5	1,4	0,55
	G0	6 000 K	0,75	0,92	1,05	0,80
	G2	5 780 K	1	1	1	1
	K0	4 910 K	0,16	0,7	0,8	1,37
	M0	3 480 K	0,06	0,5	0,6	2,3
Überriesen	B0	30 000 K	$3 \cdot 10^5$	50	20	$6 \cdot 10^{-3}$
	A0	12 000 K	$2 \cdot 10^4$	16	39	$3 \cdot 10^{-4}$
	G0	5 700 K	$6 \cdot 10^3$	10	106	$8 \cdot 10^{-6}$
	M0	3 000 K	$3 \cdot 10^4$	16	500	$1 \cdot 10^{-7}$
Weiße Zwerge	A0	15 000 K	0,01	2,5	0,005	$2 \cdot 10^7$
	A5	9 500 K	0,16	1,36	0,02	$1{,}7 \cdot 10^5$
	F3	8 200 K	$5 \cdot 10^{-2}$	2,2	0,006	10^7

Riesensterne[1]

	Spektraltyp Leuchtkraft	Durchmesser in r_{Sonne}	Dichte in $\varrho_{\odot}$
α Bootis Arkturus	K2 $215\,L_{Sonne}$	31,4	$8{,}5 \cdot 10^{-4}$
α Tauris Aldebaran	K5 $156\,L_{Sonne}$	51,5	$1{,}5 \cdot 10^{-4}$
α Orionis Beteigeuze	M2 $55\,000\,L_{Sonne}$	662	$5{,}5 \cdot 10^{-7}$
α Scorpii Antares	M1 $90\,000\,L_{Sonne}$	796	$1{,}9 \cdot 10^{-7}$
α Herkulis Ras Algethi	M5 $17\,000\,L_{Sonne}$	300	$2{,}4 \cdot 10^{-6}$

Zwerge[2]

	Spektraltyp Leuchtkraft	Durchmesser in d_{Sonne}	Dichte in ϱ_{Sonne}
o² Eridani B weißer Zwerg	A4 $0{,}00345\,L_{Sonne}$	0,019	$5{,}13 \cdot 10^5$
Sirius B weißer Zwerg	A5 $0{,}00028\,L_{Sonne}$	0,000173	$1{,}83 \cdot 10^9$
Prokyon B weißer Zwerg	A $0{,}00059\,L_{Sonne}$	0,0194	$7{,}1 \cdot 10^5$
Barnards Stern roter Zwerg	M4 $0{,}00044\,L_{Sonne}$	0,197	165
Ross 154 roter Zwerg	M3 $0{,}00031\,L_{Sonne}$	0,2	1,56

Durchmesser und Dichte (bzw. Masse) werden aus den Sternspektren (im Vergleich zum Sonnenspektrum) abgeleitet und sind relativ unsicher.

[1] Riesensterne sind relativ selten, wegen ihrer Leuchtkraft aber vielfach mit bloßem Auge zu erkennen. Sie ändern oft in regelmäßiger Weise Größe und Leuchtkraft. Die angegebenen Werte sind deshalb Durchschnittswerte.

[2] Zwergsterne sind Sterne mit kleinem Durchmesser. „Weiße Zwerge" sind die nach dem Abstoßen ihrer äußeren Hüllen verbleibenden Kerne von Riesensternen, „Rote Zwerge" wie Proxima Centauri – der uns am nächsten liegende Fixstern – haben schon bei der Sternentstehung eine relativ kleine Masse gehabt und sind wegen einer kleinen Fusionsrate von H in He kühl und lichtschwach, zu den „Gelben Zwergen" zählt die Sonne. Noch selten entdeckt sind „Braune Zwerge", Sterne ohne Kernfusion als Energiequelle sowie „Schwarze Zwerge" als Endstadium ohne Lichtemission. Am häufigsten kommen weiße und rote Zwergsterne vor.

Milchstraße (Galaxis)

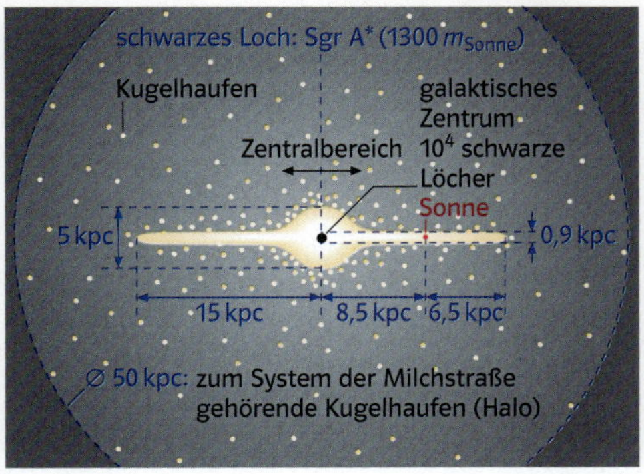

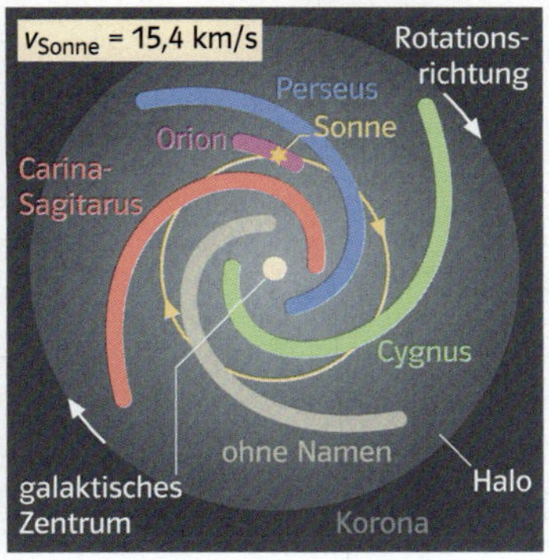

Zentralbereich *(Sternbild Schütze)*:
$r \approx 5\,\text{kpc}$, etwas abgeplattet

Zentrum *(mit Sagittarius A)*:
$r \approx 10\,\text{AE}$, $m \approx 2{,}6 \cdot 10^6\, m_{Sonne}$, $L \approx 10^7\, L_{Sonne}$

Sterne ≈ 300 Milliarden
interstellare Materie > $1 \cdot 10^9\, m_{Sonne}$

Sonne kreist um galaktisches Zentrum:
$\omega_0 = 26\,\text{km} \cdot \text{kpc}^{-1}$ bzw. $T_0 = 2{,}4 \cdot 10^8\,\text{a}$

Masse *mit Korona:* $\approx 1{,}9 \cdot 10^{12}\, m_{Sonne}$
ohne Korona: $\approx 10^{11}\, m_{Sonne}$

Sternkarten (Zirkumpolare Sterne sind das ganze Jahr über zu sehen)

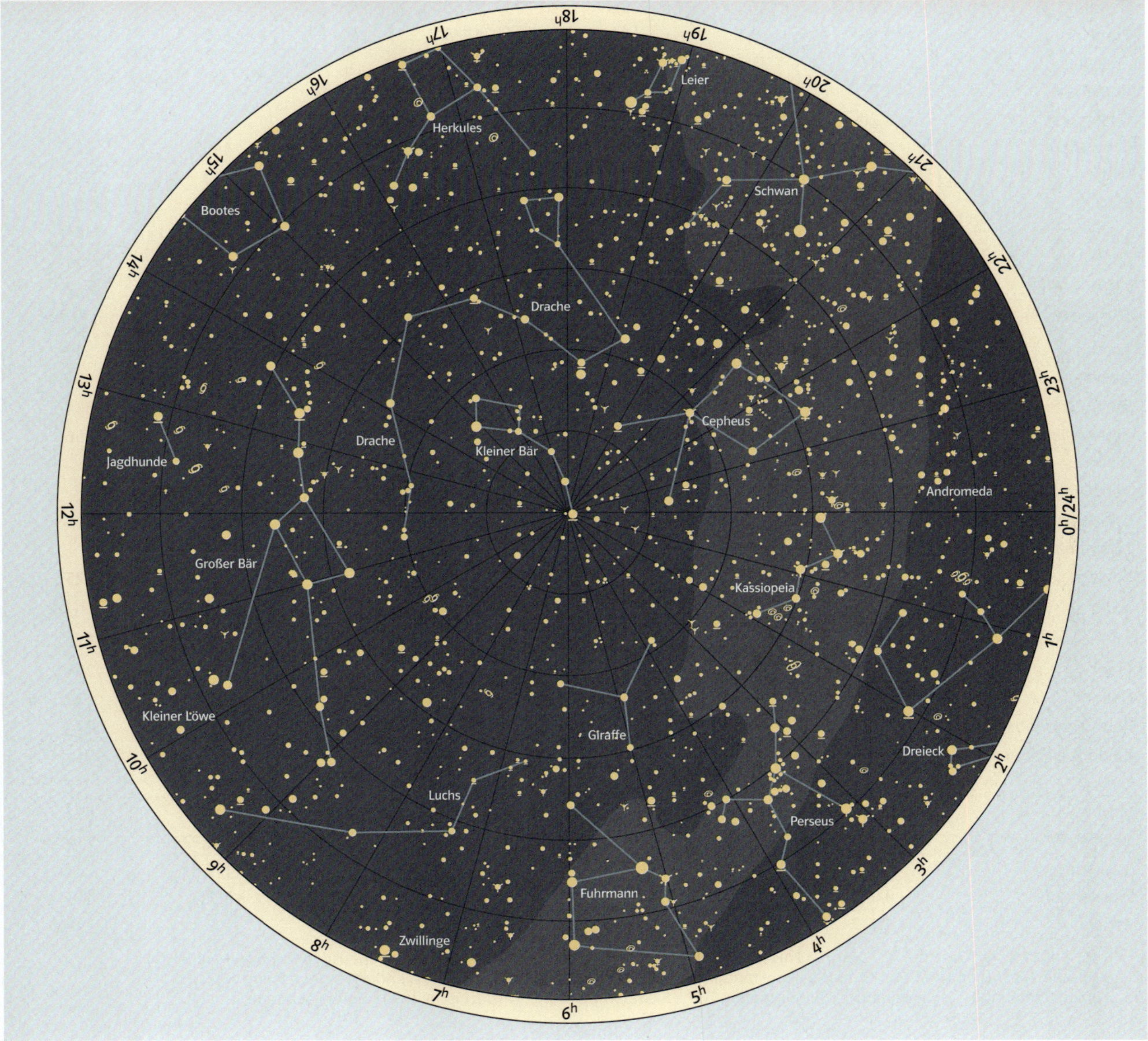

4. Tabellen

Eigenschaften verschiedener Stoffe

Feste Stoffe	ϱ in g/cm³	α in 1/(10⁶ K)	c in kJ/(kg · K)	ϑ_f in °C	s in kJ/kg	ϑ_d in °C	r in kJ/kg
Aluminium	2,70	23,8	0,896	660	404	2400	10539
Beton	2,2–2,5	11	0,879				
Blei	11,35	29,4	0,129	327	24,7	1750	871
Cobalt	8,8	12,6	0,419	1493	260	2880	4815
Eis (*–4 °C*)	0,92	37	2,09	0	334	100	2257
Eisen, Stahl	7,86	11,5–12,0	0,452	1535	270	2800	6322
Glas (*für Laborgefäße*)	2,23	3,2	0,799	815			
Gold	19,3	14,2	0,129	1063	64,5	2660	1578
Graphit	2,25	19	0,711	3800		4400	
Iod	4,93	64,1	0,214	114	124	183	163
Kochsalz	2,16	48	0,854	808	519	1461	2789
Kupfer	8,93	16,8	0,385	1083	205	2582	4798
Messing (*MS 7,2*)	8,6	18,5	0,375	~320		1160	
Natrium	0,97	71	1,23	98	113	890	4600
Paraffin	0,8–0,9	150	2,51	50			
Platin	21,45	9,1	0,134	1769	111	4300	2470
Plexiglas	1,16	75	1,30	~110			
Porzellan	2,3	4	0,846	1670			
Quarzglas	2,20	5,6	0,712	1585			
Schwefel	2,06	56,5	0,720	113	50,2	445	293
Silber	10,5	19,3	0,237	961	105	2180	2361
Silicium	2,4	2,5	0,703	1423	166	2350	12561
Wolfram	19,27	4,5	0,142	3390	192	5500	4354
Zink	7,13	26,3	0,389	420	111	907	1754
Zinn	7,30	27	0,226	232	59,5	2680	2387
Flüssigkeiten	ϱ **in g/cm³**	γ **in 1/(10³ K)**	c **in kJ/(kg · K)**	ϑ_f **in °C**	s **in kJ/kg**	ϑ_d **in °C**	r **in kJ/kg**
Aceton	0,791	1,43	2,22	–95	82,1	56	519
Benzol	0,879	1,23	1,70	6	126	80	394
Ethanol, Brennspiritus	0,789	1,10	2,40	–114	105	78	854
Ether (*Diethylether*)	0,714	1,62	2,26	–116	98	34,6	356
Glycerin	1,260	0,50	2,39	18	201	291	
Petroleum	0,847	0,96	2,14			150	
Quecksilber	13,546	0,181	0,138	–39	11,8	357	285
Schwefelsäure (*rein*)	1,834	0,22	1,42	10,4	109	338	
Wasser	0,998	0,21	4,19	0	334	100	2257
Gase	ϱ **in g/dm³**	c_p **in kJ/(kg · K)**	c_V **in kJ/(kg · K)**	ϑ_f **in °C**	s **in kJ/kg**	ϑ_d **in °C**	r **in kJ/kg**
Ammoniak	0,771	2,16	1,16	–77,7	332	–33,4	1374
Chlor	3,214	0,49	0,36	–101,5	90,4	–34,7	289
Helium	0,179	5,23	2,20	–273,2		–268,98	20,5
Kohlenstoffdioxid	1,977	0,84	0,65	–78,5	181	–57	574
Kohlenstoffmonooxid	1,25	1,05	0,74	–204	29,7	–191,5	216
Luft	1,293	1,005	0,72	–213		–193	
Propan	2,010	1,63	1,41	–187,7	80,0	–42,1	427
Sauerstoff	1,429	0,92	0,66	–219	13,8	–182,97	214
Stickstoff	1,251	1,04	0,74	–210,5	25,5	–195,8	201
Wasserstoff	0,0899	14,32	10,15	–259,5	58,2	–252,8	448
Xenon	5,897	0,13	0,08	–111,8	17,6	–108,1	99,2

ϱ: Dichte bei 20 °C, für Gase bei 0 °C und 1013 hPa; α: Längenausdehnungszahl bei 18 °C; γ: Volumenausdehnungszahl bei 20 °C;
c: spezifische Wärmekapazität (bei Gasen bei konstantem Druck: c_p; bei konstantem Volumen: c_V; Adiabatenexponent: $\varkappa = c_p/c_V$)
ϑ_f: Schmelztemperatur; s: spezifische Schmelzenergie; ϑ_d: Siedetemperatur; r: spezifische Verdampfungsenergie

Dichte von Gebrauchsstoffen in kg/dm³

Benzin	0,70 – 0,74	Koks	0,9 – 1,2
Bernstein	1,0 – 1,1	Kork	0,22 – 0,29
Braunkohle	1,3	Marmor	2,5 – 2,8
Diamant	3,25	Mauerwerk	2,1 – 2,5
Erde	1,3 – 2,0	Mehl	0,5 – 0,6
Erdgas	0,000 83	Messing	8,6
Essig, wasserfrei	1,05	Papier	0,8 – 1,1
Fette	0,9	Polystyrol (*Styropor*)	0,03
Glas (*Haushalt*)	2,4 – 2,9	Polyvinylchlorid (*PVC*)	1,3
Glas (*Laborgeräte*)	2,23	Polyethylen (*PE*)	0,95
Glasfaser	1,4	Porzellan	2,3
Gummi	0,9 – 1,1	Baustahl	7,6 – 7,8
Heizöl EL	0,86	Steinkohle	1,4
Holz (*Buche, Eiche*)	0,7 – 0,8	Terpentin	0,85
Holz (*Kiefer, Tanne*)	0,5	Tetrachlorkohlenstoff	1,59
Holz (*Balsa*)	0,1 – 0,3	Zement	3,1
Keramik	2,0	Ziegel	1,4 – 1,8
Kerzenwachs	0,9	Zucker	1,6

Schüttdichten in kg/dm³

Äpfel	0,3
Backpulver	0,7
Braunkohle	0,7
Hafer	0,5
Heu	0,1
Holzscheite	0,4
Kartoffeln	0,7
Kies	1,8 – 2,0
Kochsalz	1,2 – 1,3
Koks	0,4
Roggen	0,7
Sand, trocken	1,3 – 1,6
Sand, nass	1,9 – 2,1
Schnee, frisch	0,1
Schnee, nass	0,5 – 0,9
Torf, gepresst	0,2
Stroh	0,04 – 0,07
Weizen	0,8

Haftreibungszahlen

	auf	f_h
Stahl	Holz	0,6 – 0,7
	Stahl	0,15 – 0,3
	Teflon	0,04
	Eis	0,027
Holz	Holz	0,3 – 0,6
	Stein	0,7
Leder	Grauguss	0,6 – 0,8
Autoreifen	Asphalt	0,4 – 0,8
	Beton	0,6 – 1
	Makadam	0,6 – 0,9

Werte gelten für trockene Flächen, bei nassen sind sie rund 30 % niedriger.

Gleitreibungszahlen

	auf	f_{gl}
Holz	Holz	0,2 – 0,4
	Stein	0,3 – 0,4
	Metall	0,4 – 0,5
Glas	Glas	0,4
Stahl	Stahl	0,15 – 0,25
	Eis	0,01
Bremsbelag	Stahl	0,5 – 0,6
Autoreifen	Asphalt	0,3 – 0,6
	Beton	0,35 – 0,7
	Eis	0,05 – 0,2

Werte gelten für trockene Flächen, bei gefetteten sind sie rund 30 % niedriger.

Rollreibungszahlen

	auf	f_r
Stahlkugel	Stahlblech	0,005
Stahlrad	Stahlschiene, gehärtet	0,001 – 0,002
Zahnrad	Zahnrad	0,01 – 0,05
Fahrradreifen	Asphalt	0,007
Autoreifen	Asphalt	0,010
	Beton	0,015
	Pflaster	0,015 – 0,03
	Schotter	0,02 – 0,03
	Erdweg	0,05 – 0,15
	Sand, lose	0,03 – 0,8

Werte sind stark geschwindigkeitsabhängig, mit steigender Geschwindigkeit abnehmend.

Härteskala nach Mohs (Ritzbarkeit mineralischer und metallischer Oberflächen)

Härtegrad	Mineral	10^3 N/mm² *	Beispiel	10^3 N/mm² *
1	Talk (Speckstein)	0,0235	Graphit	0,025
2	Gips ($CaSO_4 \cdot 2\,H_2O$)	0,353	Blei	0,03
3	Kalkspat ($CaCO_3$)	1,079	Silber	0,2
4	Flussspat (CaF_2)	1,863	Aluminium	0,25 – 0,39
5	Apatit	5,296	Kupfer	0,4 – 0,9
6	Feldspat	7,845	Titan	1,6
7	Quarz	10,983	Gusseisen	2,8
8	Topas	14,024	Wolfram	2,5
9	Korund	19,613	Hartbronze	3,6
10	Diamant	> 98	Chrom-Vanadium-Stahl	4,5

* Angaben zum Erzielen einer bestimmten Eindringtiefe mit der Spitze einer Vierkantpyramide aus härterem Material. Werte in den Beispielen sind Richtwerte, die vom Reinheitsgrad und Herstellungsverfahren abhängen.

Elastizitäts-, Scher- und Kompressionsmodule fester Körper (l = Länge; d = Durchmesser)

Stoff	E	G	K	μ	Stoff	E	G	K	μ
Aluminium	72	27	75	0,34	Kupfer	120	47	72	0,35
Blei	17	6	44	0,44	Marmor	73	28	62	0,30
α-Eisen	218	84	172	0,28	Quarz	76	33	38	0,17
V2A-Stahl	195	80	170	0,28	Nickel	208	78	53	0,31
Gold	81	28	180	0,42	Silber	81	29	98	0,37

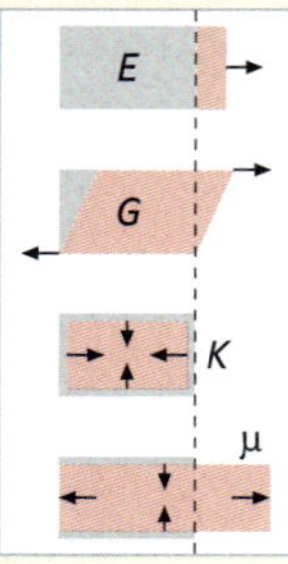

E = Elastizitätsmodul in MPa
G = Schermodul in MPa
K = Kompressionsmodul in MPa
$\mu = (\Delta d/d)/(\Delta l/l)$ Poisson-Zahl

$F_{\text{elastisch}}/A_{\text{Querschnitt}} = E \cdot \Delta l/l_0$

$v_{\text{log. Welle}} = \sqrt{(K + \frac{4}{3}G)/\varrho}$

$v_{\text{trans. Welle}} = \sqrt{G/\varrho}$ (ϱ = Dichte)

Fallbeschleunigung g in $\mathrm{m \cdot s^{-2}}$

Rostock	9,8144	**Frankfurt**	9,8105	**Palermo**	9,8000	**Buenos Aires**	9,7971
Hamburg	9,8139	**Stuttgart**	9,8090	**Algier**	9,7991	**Nordpol**	9,832 186
Berlin	9,8129	**München**	9,8073	**Quito**	9,7728	**Äquator**	9,780 327
Leipzig	9,8118	**Zürich**	9,8067	**Rio de Janeiro**	9,7881	in 2880 km Höhe	
Köln	9,8116	**Rom**	9,8035	**Johannesburg**	9,7855	$= \frac{1}{2} g_0 = 4{,}903$	

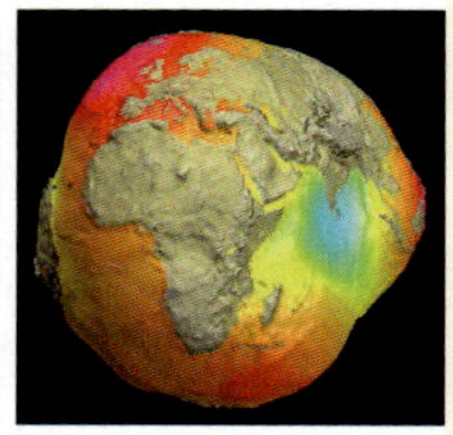

Da die Erde keine exakte Kugel ist, sind die Werte nicht auf andere Orte gleicher geografischer Länge oder Breite übertragbar. Das Foto zeigt die Erde. Zu erkennen sind Afrika und Europa, wobei durch Farben und extrem vergrößerte Formabweichungen die Höhenunterschiede gegenüber einer vollkommenen Kugel angedeutet werden.
Blau bedeutet −100 m, Blaugrün −60 m, Grün −20 m, Gelb +20 m, Rot +60 m, Violett +100 m

Normwert: $g_0 = 9{,}806\,65\,\mathrm{m/s^2}$

Für die geografische Breite φ und die Höhe h in Metern über Normalnull ist:

$$g = \left(9{,}8063 - 0{,}0264 \cos 2\varphi - 0{,}000\,003 \tfrac{h}{\mathrm{m}}\right) \mathrm{m/s^2}$$

φ in $h = 0\,\mathrm{m}$	0°	10°	20°	30°	40°	50°	60°	70°	80°	90°
g in $\mathrm{m/s^2}$	9,780	9,782	9,786	9,793	9,802	9,811	9,819	9,826	9,831	9,832

Trägheitsmomente homogener Körper der Masse m (Achsen durch Schwerpunkt)

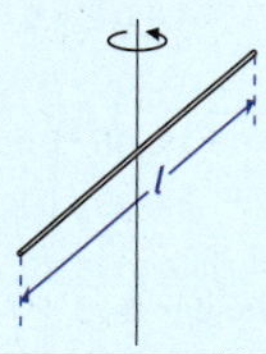

$J = \frac{m}{12} l^2$

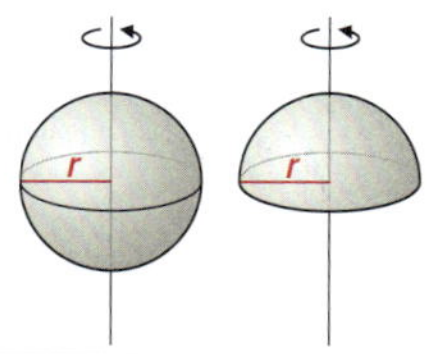

$J = \frac{2}{5} m r^2$

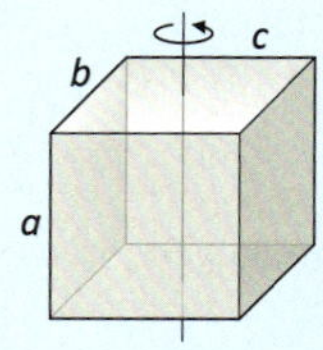

$J = \frac{m}{12}(b^2 + c^2)$

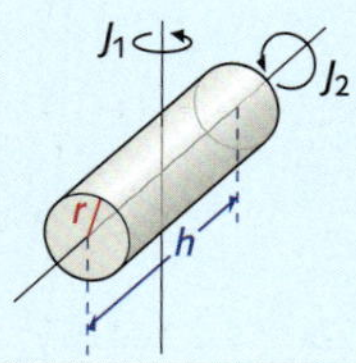

$J_1 = \frac{m}{12}(3r^2 + h^2)$

$J_2 = \frac{m}{2} r^2$

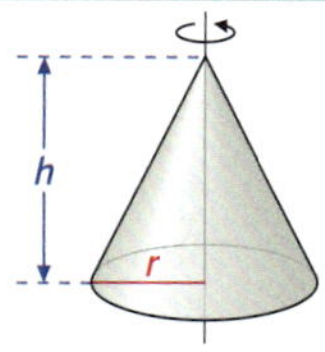

$J = \frac{3}{10} m r^2$

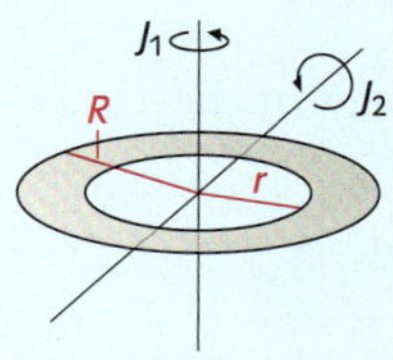

$J_1 = \frac{m}{2}(R^2 + r^2)$

$J_2 = \frac{m}{4}(R^2 + r^2)$

Widerstandsbeiwerte c_W verschiedener Körperformen

Kreisscheibe	1,11	**Kegel** (30°)	0,34	**Kleinwagen**	0,4
Kugel	0,4	**Kegel** (60°)	0,51	**großer Pkw**	0,35
Halbkugel	1,33	**Walze**	0,85	**Sportwagen**	0,28
Halbkugel	0,34	**Stromlinienkörper**	0,1	**Fallschirm**	0,9

Luftwiderstand: $F_L = \frac{1}{2} c_W \cdot \varrho_L \cdot A \cdot v^2$ (ϱ_L = Dichte der Luft, A = Querschnittsfläche, v = Geschwindigkeit)

Beaufort-Skala

Windstärke	Auswirkungen	Geschwindigkeit in m/s
0	Rauch steigt senkrecht hoch	0 – 0,2
1	nur durch Rauch angezeigt	0,3 – 1,5
2	Blätter säuseln, Windfahne zeigt an	1,6 – 3,3
3	Blätter und dünne Zweige bewegen sich	3,4 – 5,4
4	Zweige und dünne Äste bewegen sich	5,5 – 7,9
5	kleine Laubbäume beginnen zu schwanken	8,0 – 10,7
6	starke Äste in Bewegung	10,8 – 13,8
7	fühlbare Hemmung beim Gehen	13,9 – 17,1
8	bricht Zweige von den Bäumen, erschwert erheblich das Gehen im Freien	17,2 – 20,7
9	kleine Schäden an Häusern (*Dachziegel werden abgeworfen*)	20,8 – 24,4
10	entwurzelt Bäume, bedeutende Schäden an Häusern	24,5 – 28,4
11	verbreitete Sturmschäden (*sehr selten im Binnenland*)	28,5 – 32,6
12	schwerste Verwüstungen	32,7 – 36,9

Erdbebenstärke (Richter-Skala)

Stärke [1] M	Folgen (*Anzahl der Verletzten/Toten auch von Besiedlungsdichte und Geländeform abhängig*)	Energie [2] E in J	E in t TNT	Anzahl weltweit
0 – 1,9	Tiere reagieren in ihrem Verhalten, sonst nur mit dem Seismograph nachweisbare Erschütterungen	bis $4 \cdot 10^{9}$	bis 0,7	$> 10^{6}$ pro Jahr
2,0 – 2,9	Nur bei Ruhe kaum merkliche Erschütterungen feststellbar, frei hängende Körper pendeln leicht	bis $9 \cdot 10^{10}$	bis 22	$3 \cdot 10^{5}$ pro Jahr
3,0 – 3,9	Leichte Erschütterungen, die von einigen Menschen bemerkt werden, leises Klirren von Gläsern	bis $3 \cdot 10^{12}$	bis 700	$5 \cdot 10^{4}$ pro Jahr
4,0 – 4,9	Beben von den meisten Menschen im Umkreis von 30 km bemerkt, an Häusern kleine Schäden möglich	bis $9 \cdot 10^{13}$	bis $2 \cdot 10^{4}$ (*kleine Kernwaffe*)	6200 pro Jahr
5,0 – 5,9	Menschen werden im Schlaf aufgeweckt, Möbel bewegen sich, Bäume und Masten schwanken, stürzen um; Risse im Putz	bis $3 \cdot 10^{15}$	bis $8 \cdot 10^{5}$ (*mittlere Kernwaffe*)	800 pro Jahr
6,0 – 6,9	Leichte Gebäude schwer, massive Bauwerke leicht beschädigt, an Meeresküsten treten Flutwellen auf, Panik, Todesopfer	bis $9 \cdot 10^{16}$	bis $2 \cdot 10^{7}$ (*große Kernwaffe*)	100 pro Jahr
7,0 – 7,9	Panik, viele Tote und Verletzte, die meisten Gebäude, auch „erdbebensichere", zerstört, Leitungen gerissen, Schienen verbogen, Erdrutsche	bis $3 \cdot 10^{18}$	bis $7 \cdot 10^{8}$ (*150-m-Meteorit*)	20 pro Jahr
8,0 – 8,9	Schwere Verwüstung und Landschaftsveränderungen, breite Erdspalten, bis zu 40 m hohe Flutwellen an den Küsten	bis $9 \cdot 10^{19}$	bis $2 \cdot 10^{10}$ (*300-m-Meteorit*)	alle 5 Jahre
> 9	Großflächige totale Zerstörung mit Vernichtung allen Lebens, Verschiebung ganzer Erdschollen, Inseln entstehen/verschwinden, Lage von Nord- und Südpol verschiebt sich	–	–	in 100 Jahren wenige Male

[1] Näherungsweise hängt die Beben-Magnitude M logarithmisch mit der Energie E wie folgt zusammen: $M = 2 + \frac{2}{3} \cdot \lg E$

[2] geschätzte Energie zur Erzeugung des Bebens im Bebenzentrum im Vergleich mit der Energie von Kernwaffenexplosionen bzw. Meteoriteneinschlägen

Luftdruck und Höhe über Meeresspiegel (T = konstant)

Höhe über NN	0 m	100 m	200 m	300 m	500 m	700 m	1000 m	2000 m	5000 m	10 000 m
Druck in hPa	1013	1001 hPa	990 hPa	977 hPa	955 hPa	929 hPa	899 hPa	795 hPa	540 hPa	264 hPa

internationale Höhenformel	Minimum		Maximum	
$p_h = 1013\,\text{hPa}\left(1 - \frac{6{,}5\,h}{288000\,\text{m}}\right)^{5{,}255}$	Taifun im Pazifik (1979)	869,9 hPa	Mongolei (2001)	1085,7 hPa
	Osnabrück (1989)	948,6 hPa	Berlin (1967)	1057,8 hPa

Luftdichte in g/dm³ und Temperatur (trockene Luft)

−30 °C	−25 °C	−20 °C	−15 °C	−10 °C	−5 °C	0 °C	5 °C	10 °C	15 °C	20 °C	25 °C	30 °C	35 °C	40 °C	45 °C
1,453	1,425	1,395	1,369	1,342	1,318	1,293	1,270	1,248	1,226	1,205	1,185	1,165	1,147	1,128	1,110

bei 100 °C ist $\varrho = 0{,}947\,\text{g/dm}^3$; bei 200 °C ist $\varrho = 0{,}747\,\text{g/dm}^3$

in guter Näherung gilt: $\varrho(T) = p/(R \cdot T)$ mit p = Luftdruck in hPa, Gaskonstante $R = 287\,\text{J/(K} \cdot \text{kg)}$, T = Temperatur in K

Energieumsatz des Menschen (70 kg) **in kJ für eine Tätigkeit von 1 h Dauer**

Liegen	50	Tanzen	800	Rad fahren (*10 km/h*)	1000	Skilanglauf (*Ebene*)	1900
Sitzen	200	Gymnastik	700	Rad fahren (*15 km/h*)	1600	Schwimmen (*langsam*)	1500
Autofahren (*Stadt*)	250	Gehen (*5 km/h*)	900	Rad fahren (*30 km/h*)	3200	Dauerlauf (*12 km/h*)	2700
Bügeln, Kochen	400	Gartenarbeit	1100	Wandern (*bergig*)	1500	Schwimmen (*schnell*)	3000
Putzen	520	Schneeschaufeln	2100	Ballsport	1250	Skilanglauf (*schnell*)	4700

Es ist 1 kcal = 1/4,1868 kJ = 0,2388 kJ
Die Werte sind vom Alter und der körperlichen Fitness abhängig. Frauen haben im Vergleich zu Männern (mit Ausnahme bei extremen Belastungen) bei gleichem Körpergewicht einen um 10 bis 20 Prozent niedrigeren Energiebedarf.

Energiebedarf des Menschen in kJ pro Tag

Alter	männlich	weiblich
Jahre	kJ/Tag	kJ/Tag
1–3	4600	4200
4–6	6280	5850
10–12	9630	8350
13–14	11300	9200
15–18	10450	8370
19–24	10450	7950
25–51	10050	7950
51–65	9200	7500
über 65	8370	6700

Berufstätigkeit	pro Tag
Büroarbeit	250
Labor	300
Fließband	300
Verkäufer	400
Hauswirtschaft	bis 600
Schlosser	630
Maurer	700
Landwirt	830
Masseur	850
Waldarbeiter	900

Grundumsatz in kJ/Tag

Alter	männlich	weiblich
Jahre	172 cm/70 kg	165 cm/60 kg
15–18	7900	6200
19–35	7300	6000
51–65	6200	5200
66–75	5800	5000

Der Grundumsatz ist die Energie, die ein Mensch bei völliger Ruhe zum Aufrechterhalten der Lebensfunktion benötigt.
Es gelten folgende Faustregeln:
Mann: 4,2 kJ/kg
Frau: 3,8 kJ/kg
bzw. 167 kJ/m² Hautoberfläche

Nährstoffe

1 g Fett	≙ 38 kJ
1 g Kohlenhydrate	≙ 18 kJ
1 g Eiweiß	≙ 17 kJ
1 g Alkohol	≙ 30 kJ

Blutalkoholgehalt in %

$= \frac{m_{Alkohol}}{m_{Körper} \cdot r}$ (m in kg)

Mann: $r = 0{,}7$
Frau: $r = 0{,}6$

Die mit der Nahrung aufgenommene Energie wird zu etwa 4/5 zur Aufrechterhaltung der Körpertemperatur und zu 1/5 in chemische Energie umgesetzt, mit deren Nutzung dann u.a. die Muskelarbeit verrichtet werden kann.

Nährwert von 100 g Nahrungsmitteln in kJ (Richtwerte)

Kalbskotelett	470	Milch (*3,5 % Fett*)	269	Bier (*Export*)	206	Tomaten	88
Rinderfilet	487	Schellfisch	302	Wein	280	Sauerkraut	105
Huhn	560	Kabeljau	319	Quark (*mager*)	340	Kohl	126
Rinderleber	580	Forelle	428	Roggenbrot	1080	Erdbeeren	155
Schweinefilet	685	Hühnerei	620	Weißbrot	1084	Spargel	109
Schinkenwurst	950	Bückling	907	Brötchen	1113	Kartoffel	302
Ente	953	Thunfisch	1189	Reis	1474	Erbsen	286
Schinken (*gekocht*)	1100	Honig	1361	Knäckebrot	1491	Apfel	239
Gans	1436	Erdnüsse (*geröstet*)	2642	Eierteigwaren	1541	Weintrauben	307
Schinken (*roh*)	1600	Walnüsse	2898	Emmentaler	1672	Banane	403
Salami (*deutsche*)	2170	Olivenöl	3767	Butter	3167	Feigen (*getrocknet*)	1163

1 g Kohlenhydrate ≙ 18 kJ; 1 g Eiweiß ≙ 17 kJ; 1 g Fett ≙ 38 kJ

Schallgeschwindigkeiten

Luft (*trocken*)[1]	c in m/s
−10 °C	325
−5 °C	329
0 °C	331
10 °C	337
15 °C	340
20 °C	343
25 °C	346

bei 18 °C	c in m/s
Aluminium	5100
Glas	5200
Eisen (*Stahl*)	5170
Beton	4000
Ziegelstein	3600
Messing	3500
Eichenholz	3400

bei 15 °C	c in m/s
Petroleum	1330
Wasser (*rein*)	1468
Meerwasser	1500
Ethanol	1150
Quecksilber	1400
Glycerin	1900
Benzin	1130

bei 20 °C	c in m/s
Wasserstoff	1270
Helium	981
Ammoniak	415
Stickstoff	334
Sauerstoff	315
Kohlenstoffdioxid	266
Eis (−4 °C)	3250

[1] In der Luft gilt bei der Temperatur T in K: $c_T = 331 \cdot \sqrt{\frac{T}{273\,K}}$ m/s.
Für ideale Gase gilt: $c = \sqrt{\varkappa \cdot p/\varrho}$ ($\varkappa$ = Adiabatenexponent: $\varkappa_{Luft} = 1{,}4$, p = Druck, ϱ = Dichte)
In Seilen ist: $c = \sqrt{F_{Zug}/A \cdot \varrho_{Seil}}$ (F_{Zug} = Zugkraft am Seil, A = Querschnittsfläche, ϱ_{Seil} = Dichte des Seilmaterials);
In festen Körpern und Flüssigkeiten gilt: $c = \sqrt{E/\varrho}$ (E = Elastizitäts-/Kompressionsmodul, ϱ = Dichte);

Schallstärke (Schallpegel)

		Schalldruckpegel	Schallleistungspegel	Schallpegelmaß[1]
U_1	Bezugsgröße	Druck: $p_0 = 2 \cdot 10^{-5}\,\text{Pa}$	Leistung: $P_{a,0} = 10^{-12}\,\text{W}$	in dB (A)
U_2	Hörschwelle	$p = p_0$	$P_a = P_{a,0}$	0 dB (A)
	Schmerzschwelle	$p = 10^7 p_0$	$P_a = 10^{14} P_{a,0}$	140 dB (A)

[1] bewertet nach Empfindlichkeitskurve A für die Frequenzabhängigkeit der menschlichen Schallstärkeempfindung.
Der Pegel a in dB (Dezibel) beträgt beim Schalldruck $a = 20 \cdot \lg(p/p_0)\,\text{dB}$ und bei der Schallleistung $a = 10 \cdot \lg(P_a/P_{a,0})\,\text{dB}$.

Leistungsverhältnis I/I_0	Schallpegel in dB	Beispiel Schallquelle/Vorgang	Befindlichkeit, Folgen bei Dauerschall	weitere Beispiele aus der Umwelt
10^0	0	Hörschwelle bei 2 kHz	–	25 dB – ruhiges Zimmer
10^1	10	ruhiges Atmen (1 m)	–	30 dB – Flüstern
10^2	20	Blätterrauschen (aus der Ferne)	–	40 dB – Bibliothek-Leseraum
10^3	30	leiser Zimmerventilator (1 m)	Beginn der Beeinträchtigung	50 dB – dezente Radiomusik in Zimmerlautstärke
10^4	40	normales Sprechen (1 m)	Konzentrationsstörungen	
10^5	50	Kühlschrank (1 m)	übliche Wohngeräusche	60 dB – Standgeräusch Pkw
10^6	60	lauter Rasenmäher (10 m)	Ruhestörung	70 dB – sehr lautes Schreien
10^7	70	lauter Haarföhn (1 m)	Lästigkeit	75 dB – Staubsaugen
10^8	80	vorbeifahrender Lkw (7,5 m)	Erschrecken	80 dB – laute Bahnhofstraße
10^9	90	Hauptverkehrsstraße (10 m)	Hörschäden bei 40 h / Woche	90 dB – im vollen Hallenbad
10^{10}	100	Presslufthammer (1 m)	Taubheit durch Kopfhörer	100 dB – Autobahn (50 m)
10^{11}	110	Martinshorn (10 m)	Alarmwirkung, Unwohlsein	100 dB – Diskothek
10^{12}	120	Rock-Konzert-Lautsprecher (1 m)	Gehörschäden in kurzer Zeit	110 dB – Kettensäge
10^{13}	130	lautes Händeklatschen (1 m)	Schmerzschwelle	140 dB – Düsenjäger beim Start
10^{15}	150	startendes Großflugzeug (20 m)	schwerer Körperschäden	
10^{18}	180	Mondrakete (20 m)	tödlich	

Die Lautstärke von gleich lauten Pkw addiert sich z. B. wie folgt: 1 Pkw – 70 dB; 2 Pkw – 73 dB; 3 Pkw – 75 dB; 4 Pkw – 76 dB; 8 Pkw – 79 dB; 10 Pkw – 80 dB. Das Leistungsverhältnis entspricht dem Energie-Verhältnis, es sinkt bei Verdopplung der Entfernung nach dem $1/r$-Gesetz für den Druck p jeweils um 6 dB.

Schwingungsfrequenzen der Tonleiter in Hz

Intervall	Prime		Sekunde		Terz	Quarte		Quinte		Sexte		Septime	Oktave
$f : f_0$	1		9/8		5/4	4/3		3/2		5/3		15/8	2
Ton	c′	cis′	d′	dis′	e′	f′	fis′	g′	gis′	a′	ais′	h′	c″
rein	264	278	297	313	330	352	374	396	418	440	467	495	528
temperiert[1]	262	277	294	311	330	349	370	392	415	440	466	494	524

[1] Frequenzverhältnis vom Grundton c′ (f_0) ausgehend für die Ganztonschritte;
temperierte (gleichschwebende) Stimmung mit gleich großen Halbtonschritten des $\sqrt[12]{2} = 1{,}059$fachen der Frequenz des vorherigen Tones.

Druck und Siedetemperatur von Wasser

p in 10^2 Pa	2,6	6	12	23	42	100	200	300	400	500	600	700	800	900	1013	1050	2000	3000	4000	5000	10^4	10^5
ϑ in °C	−10	0	10	20	30	46	60	69	76	81	86	90	94	97	100	101	120	133	143	151	180	310

Dichte und Sättigungsdampfdruck von Wasser

ϑ in °C	0	10	20	30	40	50	60	70	80	90	100
ϱ in kg/dm³	0,999 84	0,9997	0,9982	0,9957	0,9922	0,9881	0,9832	0,9778	0,9718	0,9653	0,9584
p_S in Pa	613	1227	2293	4240	7313	12 332	19 865	31 197	42 329	70 127	101 325

Dampfdruck p_d von Flüssigkeiten bei 20 °C in 10^2 Pa

Wasserdampf	23	Benzol	100	Essigsäure	16	n-Propan	8364
Ethanol	59	Diethylether	587	Chlorwasserstoff	57	n-Butan	2088
Methanol	125	Quecksilber	0,16	CCl_4	121	n-Pentan	561

Maximale Feuchte Dichte von Wasserdampf (in der Luft bei 1013 hPa)

ϑ in °C	ϱ_d in g/m³	ϑ in °C	ϱ_d in g/m³	ϑ in °C	ϱ_d in g/m³	ϑ in °C	ϱ_d in g/m³	ϑ in °C	ϱ_d in g/m³
−20	0,88	−8	2,53	4	6,37	16	13,65	28	27,27
−18	1,06	−6	2,99	6	6,80	18	15,40	30	30,40
−16	1,27	−4	3,52	8	8,28	20	17,31	32	33,82
−14	1,52	−2	4,14	10	9,41	22	19,45	34	37,58
−12	1,81	0	4,85	12	10,68	24	21,80	36	41,62
−10	2,14	2	5,57	14	12,09	26	24,40	38	46,11

Wärmeleitfähigkeit λ von Stoffen bei 20 °C in W/(m · K)

Aluminium	234	Platin	70,1	Glas	0,4–0,8	Ethanol	0,17
Duraluminium	165	Silicium	148	Quarzglas	1,36	Quecksilber	8,72
Blei	34,8	Silber	419	Jenaer Glas	1,18	Wasser	0,6
Eisen	74,4	Zink	112	Porzellan	1,42	Eis (*0 °C*)	2,21
Baustahl	59	Zinn	65,1	Ziegel	0,4–1,0	Luft	0,03
Rostfreier Stahl	14	Beton	1,2 – 1,5	Hohllochziegel	0,2	Sauerstoff	0,026
Gold	31,1	Gasbeton	0,14	Holz (*trocken*)	0,1–0,4	Stickstoff	0,026
Kupfer	384	Dämmmatte	0,02	Benzin	0,12	Kohlenstoffdioxid	0,016
Messing (*70 % Cu*)	112	Styropor	0,04	Petroleum	0,13	Wasserstoff	0,184
Nickel	66,3	Granit	2,9	Motorenöl	0,14	Helium	0,151

Bei Elementen gelten die Werte für Reinstoffe.
Es ist $\lambda = \Delta P \cdot l/(A \cdot \Delta T)$, wobei $\Delta P = \Delta E/\Delta t$ die bei einem Temperaturunterschied ΔT in der Zeitspanne Δt durch den Körper der Länge l und der Querschnittsfläche A durchgeleitete Energie ΔE bedeutet.

Dichte ϱ und Wärmeleitfähigkeit λ von Baustoffen

	Dichte in kg · m⁻³	Wärmeleitzahl in W/(m · K)		Dichte in kg · m⁻³	Wärmeleitzahl in W/(m · K)
Ziegel (*massiv*)	1600	0,68	Mineralfaser	110	0,041
Kalksandstein	1600	0,79	Hartschaum	30	0,041
Stahlbeton	2400	2,33	Kork	160	0,044
Gasbeton	600	0,14	Fichte	480	0,20

Spezifischer Heizwert (Endprodukte gasförmig bei 1013 hPa, 20 °C) **in MJ/kg**

Anthrazit	32,3	Benzin	44–53	Acetylen	48,2
Braunkohle (*roh*)	7,6–11,6	Benzol	40	Butan	45,7
Braunkohlebrikett	21	Brennspiritus	39	Erdgas	38,2
Holz (*frisch/trocken*)	10,0/15,5	Dieselkraftstoff	41–44	Kohlenstoffmonooxid	10,1
Hüttenkoks	29,0	Erdöl	42–48	Methan	50,0
Ruß	34	Ethanol	27	Propan	46,5
Torf (*trocken*)	15,5	Heizöl (EL)	43	Schwefelwasserstoff	15,2
Trockenspiritus	19,0	Methanol	20	Steinkohlegas	36,0
Steinkohle	32,5	Petroleum	50	Wasserstoff	120,0

Viskosität η von Flüssigkeiten in mPa · s = 10−3 N · s · m⁻² (wenn nicht anders angegeben bei 20 °C)

Wasser	bei 0 °C	1,78	Wasserstoff	bei 0 °C	0,000 84	Ethanol		1,12
	20 °C	1,00	Luft	bei 0 °C	0,017	Methanol		0,59
	40 °C	0,66		20 °C	0,018	Benzol		0,65
	60 °C	0,47		50 °C	0,020	Motorenöl *bei 98 °C*	SAE20	8,54
	80 °C	0,35	Glycerin	bei 0 °C	10 000		SAE30	11,48
	100 °C	0,29		10 °C	4 000		SAE40	14,95
Wasserdampf	bei 100 °C	0,0124		20 °C	1 480	Heizöl	EL	520
Quecksilber	bei 20 °C	1,55		60 °C	81		M	6 980
Blut	bei 37 °C	2,7	Rizinusöl	bei 15 °C	990		S	43 700

Elektrische Schaltzeichen (in einzelnen Spezialgebieten der Technik davon abweichend)

Leitung		Elektrische Quelle allgemein		Mikrofon	
leitende Verbindung		Batterie allgemein	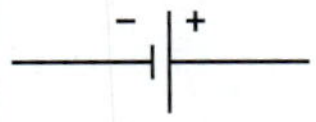	Klingel, Summer	
Schalter		Sicherung	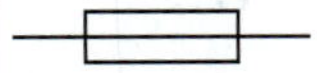	Elektrogerät allgemein	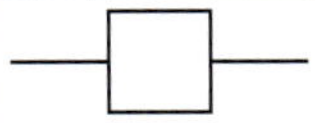
Erdung		Ohm'scher Widerstand		Fotowiderstand	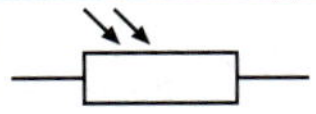
Masseanschluss		veränderbarer Widerstand, Potenziometer	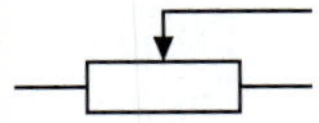	Halbleiter-Diode	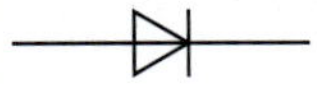
Leuchtquelle allgemein, Lämpchen	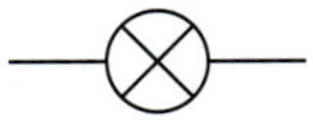	Kondensator	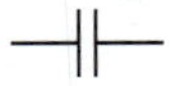	Leuchtdiode	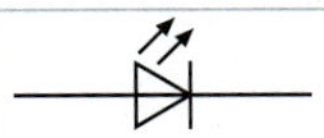
Messgerät allgemein		Spule		Fotodiode	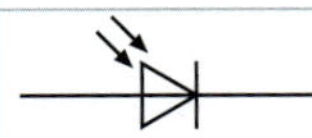
Messgerät für die Stromstärke (Amperemeter)	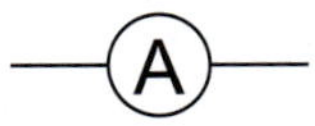	Transformator mit Eisenkern	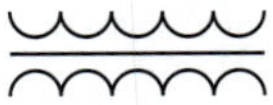	Fotoelement, Fotozelle	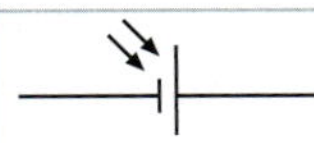
Messgerät für die Spannung (Voltmeter)	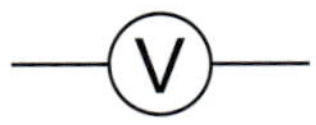	Elektromotor		npn-Transistor	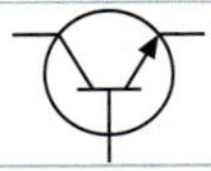
Relais mit Schalter	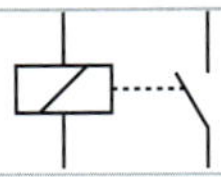	Generator		pnp-Transistor	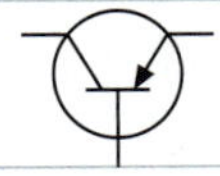
Wechselspannung bzw. Wechselstrom	~	Antenne		Verstärker allgemein	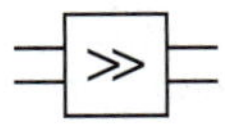
Gleichspannung bzw. Gleichstrom	=	Lautsprecher	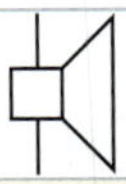	Operationsverstärker	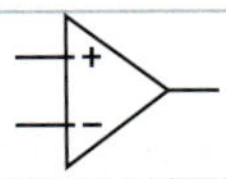

Spezifischer Widerstand bei 18 °C [1]

Reinstoffe	Ω · mm²/m	Legierungen/Mischungen	Ω · mm²/m	Isolierende Stoffe	Ω · mm²/m
Aluminium	0,027	Akku-Säure	$1{,}5 \cdot 10^4$	Bernstein	$> 10^{22}$
Blei	0,210	Beton	bis 5	Erde	10^9
Eisen	0,097	Chromnickelstahl	1,10	Glas	10^{16}–10^{20}
Elektrodenkohle	50–100	Konstantan (60 % Cu, 40 % Ni)	0,49	Glimmer	10^{19}–10^{21}
Gold	0,024	Kupfer (*legiert*)	bis 0,490	Hartgummi	10^{18}–10^{20}
Graphit	1,40	Manganin (84 % Cu, 4 % Ni, 12 % Mn)	0,43	Holz (*trocken*)	10^{11}–10^{14}
Kupfer	0,017	Meerwasser	$2 \cdot 10^5$	Paraffin	10^{18}–10^{20}
Magnesium	0,045	Messing (66 % Cu, 34 % Zn)	0,02–0,08	Papier	10^{15}–10^{16}
Nickel	0,079	Nickelin (58 % Cu, 41 % Ni, 1 % Mn)	0,42	Polystyrol	$5 \cdot 10^{18}$
Quecksilber	0,958	Silicium, n-leitend	870	Porzellan	10^{19}–10^{20}
Platin	0,106	Silicium, p-leitend	280	Siegellack	10^{22}
Silicium	$2{,}5 \cdot 10^9$	Stahl	0,12–1,70	Wasser (*destilliert*)	$3 \cdot 10^{10}$
Silber	0,016				
Titan	0,420	physiologische Kochsalzlösung	$0{,}50 \cdot 10^8$	Skelettmuskel	$0{,}6$–$1{,}2 \cdot 10^9$
Zink	0,059	Blut	$1{,}49 \cdot 10^8$	Fett	1–$5 \cdot 10^9$
Zinn	0,11	Körperflüssigkeit	$0{,}65 \cdot 10^8$	Knochen	$4{,}5$–$16 \cdot 10^9$
Wolfram	0,056	Herzmuskel	$0{,}5$–$1 \cdot 10^9$	Haut	10^{10}–$3 \cdot 10^{13}$

[1] Grau unterlegte physiologische Werte bei 37 °C; bis auf spezielle Legierungen sind alle Werte von der Temperatur und von Beimengungen abhängig.

Sprungtemperaturen zur Supraleitung in K

Blei	7,196	Palladium	3,3	La_3Ge	23,2
Lanthan	4,88	Thallium	2,68	Nb_3Sn	18,1
Tantal	4,47	Aluminium	1,175	La_3In	10,4
Helium	4,183	Zink	0,85	**Keramik-Supraleiter**	
Quecksilber	4,15	Wolfram	0,0154	$TlBa_2Ca_2Cu_3O_8$	138
Zinn	3,72	Platin	0,0019	$HgBa_2Ca_2Cu_3O_8$	133
Indium	3,3	Rhodium	0,000 325	$YBa_2Ca_2Cu_3O_7$	92

Unter sehr hohem Druck ($\approx 3 \cdot 10^{10}$ Pa) werden auch andere Elemente (wie z. B. Phosphor bei 22 K) supraleitend.

Thermoelektrische Spannung[1] für ΔT = 1 K bei 0 °C in 10^{-6} V/K

Selen	+997	Eisen	+13,4	Gold	+0,1	Blei	−2,8	Kalium	−14,3
Tellur	+397	Lithium	+8,7	Silber	−0,2	Aluminium	−3,2	Cobalt	−20,1
Germanium	+297	Zink	+0,3	Wolfram	−1,1	Platin	−5,9	Nickel	−20,4
Antimon	+33	Cadmium	+0,2	Zinn	−2,6	Calcium	−10,9	Wismut	−72,8
PbTe (+Na)	+160	ZnSb (+Sn, Ag)	+125	ZnSb	+88	PbTe	−109	PbSe (+Ti)	−144
Bi_2Te_3	+126	CdSb	+105	Cu*	0	PbS	−103	Bi_2Te_4Se (+AgJ)	−155

[1] bezogen auf Kupfer: Werte stark temperaturabhängig; hat etwa eine Lötstelle die Temperatur 0 °C, so gilt z. B.:

für ΔT =	Eisen-Konstantan	Kupfer-Konstantan	Nickel mit 10 % Chrom-Konstantan
100 °C	5,3 mV	4,3 mV	4,1 mV
200 °C	10,8 mV	9,3 mV	8,1 mV
300 °C	16,3 mV	1,9 mV	12,2 mV

Elektrochemische Spannung gegenüber Wasserstoff-Elektrode in V [1]

Lithium^{+}	−3,05	Aluminium^{3+}	−1,66	Cobalt^{2+}	−0,28	Iod^{+}	+0,54	Brom^{+}	+1,07
Kalium^{+}	−2,93	Zink^{2+}	−0,76	Nickel^{2+}	−0,25	Kupfer^{+}	+0,52	Platin^{2+}	+1,20
Natrium^{+}	−2,71	Eisen^{2+}	−0,41	Blei^{2+}	−0,13	Silber^{+}	+0,80	Chlor^{+}	+1,36
Magnesium^{2+}	−2,36	Cadmium^{2+}	−0,40	Wasserstoff^{+}	0	Quecksilber^{2+}	+0,85	Gold^{+}	+1,70

[1] Die Standard-Wasserstoffelektrode aus Platin wird bei T = 298,15 K (25 °C) und p = 1013,25 hPa mit Wasserstoff umspült; die Spannung ist negativ, wenn die zweite Elektrode Elektronen an die Wasserstoff-Elektrode abgibt; positiv, wenn sie Elektronen aufnimmt. Die Spannung zwischen zwei Materialien ist die Differenz der Werte.

Permittivitätszahlen ε_r bei 20 °C (Vakuum $\varepsilon_r = 1$)

Benzol	2,3	Glimmer	5–8	Marmor	8,5	Petroleum	2,1	Rizinusöl	4,6
Bernstein	2,8	Glycerin	41,1	Neopren	6,9	Plexiglas	3,4	Silicium	12
Eis (*0 °C*)	3,0	Hartgummi	3,5	Öl	2,2–2,5	Polystyrol	2,4	Strontiumtitanat	310
Ethanol	25	Hartpapier	4,5	Olivenöl	3,1	Porzellan	6	Titanoxid	40–80
Germanium	16	Holz	3–9	Papier	2,5–3,5	Pyrex	4,7	Trafo-Öl	4,5
Glas	5–7	Luft (*0 °C*)	1,000 54	Paraffin	1,9–2,4	Quarzglas[1]	4,4	Wasser[2]	80,4

[1] Wert gilt für Ausrichtung ⊥ zur optischen Achse; ∥ zur optischen Achse ist $\varepsilon_r = 4,7$; [2] bei 25 °C ist $\varepsilon_r = 78,5$

Funkenschlagweite bei 1013 hPa, 20 °C in trockener Luft (für kugelförmige Elektroden mit r = 1 cm, eine davon geerdet)

Schlagweite in cm	0,1	0,2	0,3	0,5	0,7	1,0	1,5	2,0	3,0	4,0
Spannung in kV	4,4	8,2	12	18	23	31	40	47	57	64

Elektrische Feldstärken in $N \cdot C^{-1}$ ($\triangleq V \cdot m^{-1}$)

bei Schönwetter		**380 kV-Leitung**		**Durchschlagsfestigkeit**	
– am Erdboden	130	– am Erdboden	$1,5 \cdot 10^{4}$	– trockene Luft	$3 \cdot 10^{6}$
– in 10 km Höhe	10	**Rundfunkempfang möglich**		– Glas	$2 \cdot 10^{6}$
bei feuchter Witterung		– UKW-Stereo	$1,5 \cdot 10^{-5}$	– Trafo-Öl	$5 \cdot 10^{6}$
– am Erdboden	bis 500	**Handy**		– Gas in Leuchtstofflampe	70
– bei Gewitter	5000–20 000	– am Ohr	13–20	**zulässige Grenzwerte**	
bei Blitzschlag zwischen				Maximalwert für Arbeiter	1000
– Wolke und Erde	10^{5}–10^{6}			allgemein in Deutschland	5000

Magnetische Flussdichten in T (1 T = 1 N/(A · m) = 1 kg/(A · s²) = 1 Wb/m²)

kleinster Wert durch Abschirmung	10^{-14}	an der Erdoberfläche	$5 \cdot 10^{-4}$	großer Elektromagnet	1,6
im interstellaren Raum	10^{-10}	Stabmagnet[1]	$2 \cdot 10^{-2}$	Zyklotron-Ablenkfeld	2
van Allen-Strahlungsgürtel	10^{-5}	Massenspektrometer	0,6	supraleitender Magnet[2]	$4 \cdot 10$

[1] Mit magnetischen Werkstoffen wie AlNiCo (Aluminium, Nickel, Cobalt) oder Neodym-Eisen-Bor lassen sich Permanentmagnete mit Flussdichten von über 1,4 T herstellen, sodass z. B. kleine, wenige cm große Stab- oder Scheibenmagnete (etwa 100 cN schwer) Haltekräfte von 50 N ausüben können.

[2] Der supraleitende Elektromagnet im Protonenbeschleuniger Hera besteht z. B. aus Spulen mit 0,8 mm dicken Kupferdrähten, in denen 1200 je 15 µm dicke Niob-Tantal-Fäden eingebettet sind. 24 Drähte werden zu einem Kabel verdrillt, aus dem die Spulen gewickelt sind. Bei −269 °C erzeugt dieser Elektromagnet eine Flussdichte von 4,9 T, wodurch die beiden Spulenhälften mit mehr als 10^6 N/m aufeinander gepresst werden.

Magnetfeld der Erde

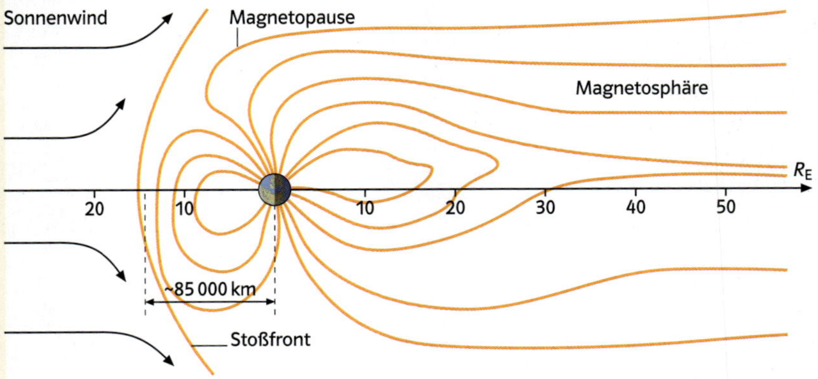

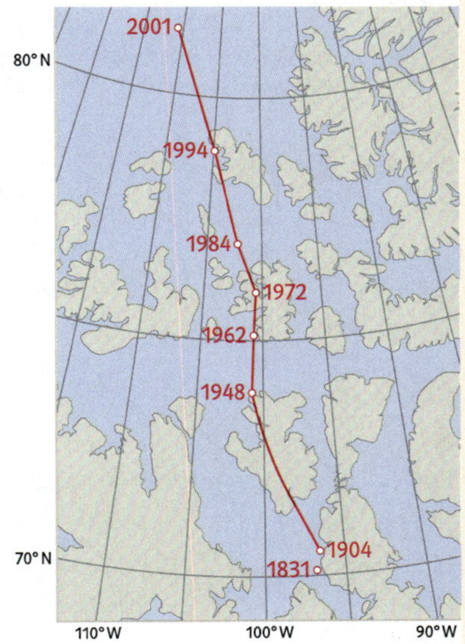

Das Magnetfeld der Erde wird durch Ionen und Elektronen im Sonnenwind verformt. Auf der Sonnenseite entsteht bei etwa 15 Erdradien eine Stoßfront, auf der gegenüberliegenden Seite erstreckt es sich dagegen bis 1000 Erdradien weit.
Die Pole des Erdmagneten wandern im Laufe der Zeit infolge veränderlicher Materieströme des Geodynamos im Erdinneren, die Karte zeigt Nordamerika.

Permeabilitätszahlen μ_r nichtferromagnetischer Stoffe bei 20 °C

Palladium	$1 + 754 \cdot 10^{-6}$	Zinn	$1 + 2 \cdot 10^{-6}$	Bismut	$1 - 166 \cdot 10^{-6}$	Kupfer	$1 - 9{,}8 \cdot 10^{-6}$
Chrom	$1 + 324 \cdot 10^{-6}$	$FeCl_2$*	$1 + 1470 \cdot 10^{-6}$	Antimon	$1 - 116 \cdot 10^{-6}$	Natrium	$1 - 2{,}4 \cdot 10^{-6}$
Platin	$1 + 270 \cdot 10^{-6}$	Fe_2Cl_3*	$1 + 3758 \cdot 10^{-6}$	Quecksilber	$1 - 33 \cdot 10^{-6}$	Wasser	$1 - 9 \cdot 10^{-6}$
Wolfram	$1 + 71 \cdot 10^{-6}$	$NiCl_2$*	$1 + 709 \cdot 10^{-6}$	Gold	$1 - 29 \cdot 10^{-6}$	Ethanol	$1 - 8 \cdot 10^{-6}$
Titan	$1 + 70 \cdot 10^{-6}$	Sauerstoff**	$1 + 3400 \cdot 10^{-6}$	Silber	$1 - 25 \cdot 10^{-6}$	Benzol	$1 - 8 \cdot 10^{-6}$
Aluminium	$1 + 23 \cdot 10^{-6}$	Sauerstoff***	$1 + 1{,}9 \cdot 10^{-6}$	Diamant	$1 - 22 \cdot 10^{-6}$	CO_2***	$1 - 1{,}0 \cdot 10^{-9}$
Magnesium	$1 + 12 \cdot 10^{-6}$	Stickoxid***	$1 + 0{,}83 \cdot 10^{-6}$	Zink	$1 - 13 \cdot 10^{-6}$	H_2***	$1 - 2{,}3 \cdot 10^{-9}$
Kalium	$1 + 5 \cdot 10^{-6}$	Luft***	$1 + 0{,}38 \cdot 10^{-6}$	Schwefel	$1 - 10 \cdot 10^{-6}$	N_2***	$1 - 5{,}0 \cdot 10^{-9}$

$\mu_r > 1$: paramagnetische Stoffe; $\mu_r < 1$: diamagnetische Stoffe; * gesättigte Lösungen; ** als Flüssigkeit; *** Gase bei 1 hPa

Permeabilitätszahlen μ_r von Ferromagnetika bei 20 °C

	anfangs unmagnetisiert	bei maximaler Magnetisierung		anfangs unmagnetisiert	bei maximaler Magnetisierung
reines Eisen	250	680	Trafo-Blech	600	7500
reines Nickel	280	2500	Ferrite (Me-Fe_2O_4)	bis 18 000	
reines Cobalt	80	200	Permalloy (Ni-Fe)	8000	100 000
Stahl	400	4500	µ-Metall (Ni-Fe-Cu-Cr)	15 000	120 000
Siliciumeisen	450	8000	Speziallegierungen	100 000	800 000

Sämtliche Werte sind Größenordnungwerte und stark von Herstellung und genauer chemischer Zusammensetzung bestimmt. Bei den Ferriten bedeutet Me eines oder mehrere der Metalle Mangan, Nickel, Zink oder Magnesium.

Permeabilitätszahlen μ_r von Ferromagnetika bei 20 °C

Gusseisen	Feldstärke B	0,04 T	0,27 T	0,65 T	0,85 T	0,98 T
	Permeabilität μ_r	81	181	129	85	65
Dynamoblech	Feldstärke B	1,03 T	1,42 T	1,62 T	1,72 T	1,80 T
	Permeabilität μ_r	2060	942	323	172	120

Werte sind stark von Herstellung und genauer chemischer Zusammensetzung beeinflusst.

Hall-Konstante R_H in $10^{-11}\,m^3/C$

Aluminium	−3,5	**Cadmium**	+6,0	**Palladium**	−8,6	**Wolfram**	+1,2
Wismut*	−60 000	**Gold**	−7,2	**Platin**	−2,0	**Zink**	+6,4
Blei	+0,9	**Kupfer**	−5,3	**Silber**	−8,9	**Zinn**	−0,3

Bei negativem Vorzeichen sind Elektronen, bei positivem Defektelektronen die für die Hallspannung $U_H = R_H \cdot I \cdot B/d$ verantwortlichen Ladungsträger.
* Werte können zwischen −55 000 und −65 000 liegen.

Beweglichkeit von Elektronen μ_- bzw. Löchern μ_+ bei 20 °C in $10^{-3}\,m^2/(V \cdot s)$

	μ_-	μ_+		μ_-	μ_+		μ_-	μ_+		μ_-	μ_+
Diamant	180	120	Silber	5,6	–	AgCl	5		GaSb	400	140
Silicium	130	50	Kupfer	3,0	–	PbS	55	60	InAs	3300	46
Germanium	450	350	Cadmium	–	0,8	PbSe	90	70	InSb	7700	125
Wismut	750	–	Zink	–	1,7	PbTe	1700	–	InP	340	65

Die Beweglichkeit im elektrischen Feld ist als $\mu = v_D/E$ definiert (v_D = Driftgeschwindigkeit; E = Feldstärke); sie ist stark temperaturabhängig.

Beweglichkeit μ von Ionen in wässriger Lösung bei 25 °C in $10^{-8}\,m^2/(V \cdot s)$

Wasserstoff$^+$	36,23	**Silber$^+$**	6,42	**Zink^{2+}**	5,56	**OH^-**	20,64	**CO_3^{2-}**	7,46
Rubidium$^+$	7,92	**Calcium^{2+}**	6,16	**Kupfer^{2+}**	5,56	**SO_4^{2-}**	8,29	**NO_3^{2-}**	7,40
NH_4^+	7,63	**Strontium^{2+}**	6,16	**Natrium$^+$**	5,19	**Chlor$^-$**	7,91	**MnO_4^{2-}**	6,50
Kalium$^+$	7,62	**Eisen^{2+}**	5,60	**Lithium$^+$**	4,01	**Iod$^-$**	7,69	**CH_3COO^-**	4,24

Werte sind stark temperaturabhängig; im Feld der Feldstärke E ist $m = v_D \cdot E$ (v_D = Driftgeschwindigkeit)

Frequenz, Sendeleistung und Sicherheitsabstände typischer Sendeanlagen[1]

Sender	Frequenzbereich	Max. Sendeleistung	Sicherheitsabstand
TV-Sender	50 – 800 MHz	≈ 1 000 000 W	45 m
UKW-Radiosender	80 – 120 MHz	30 W – 100 000 W	9,50 m
D-Netz Basisstation (*Autobahn*)	900 MHz	50 W	5,20 m
D-Netz Basisstation (*Wohngebiet*)	900 MHz	10 W	3,50 m
C-Netz Basisstation	450 MHz	32 W	3,20 m
Richtfunkantenne	3000 – 300 000 MHz	0,5 W (*pro Kanal*)	kein Abstand
T-D1-Handy	900 MHz	2 W	kein Abstand
E-Netz-Handy	1800 MHz	1 W	kein Abstand

[1] Die Grenzwerte gelten für die allgemeine Bevölkerung und beruhen auf der thermischen Wirkung absorbierter elektromagnetischer Strahlung. Beim Bestrahlen der Haut mit einer Leistungsdichte von 58 mW/cm² und der Frequenz von 3 GHz wird z. B. eine Erwärmung nach einer Sekunde bemerkt. Eine Halbierung der Leistungsdichte vervierfacht die Zeit der Wahrnehmung. Für alle Frequenzen gilt als Maximalwert 80 mW/kg, der der gesamte Körper ausgesetzt sein darf. Für beruflich exponierte Personen ist das Fünffache, also 0,4 Watt/kg, noch zulässig.

Grenzwerte für hochfrequente Felder (nach DIN VDE 0848)

Frequenz f	Effektivwert der elektrischen Feldstärke E	Effektivwert der magnetischen Feldstärke B[1]
10 – 400 MHz	27,5 V/m	0,073 A/m
400 – 2 000 MHz	$1{,}375 \cdot \sqrt{f}$ V/m (f Zahlenwert)	$0{,}0037 \cdot \sqrt{f}$ A/m (f Zahlenwert)
2 000 – 300 000 MHz	61,0 V/m	0,16 A/m

Die Grenzwerte im mittleren Frequenzbereich werden mit der Quadratwurzel der Frequenz der Strahlung in MHz als Faktor berücksichtigt.

[1] Aus historischen Gründen wird die Größe B im internationalen Einheitensystem als magnetische Flussdichte bezeichnet, obwohl sie formal analog zur elektrischen Feldstärke E definiert wird.

Abbildung mit einer Sammellinse

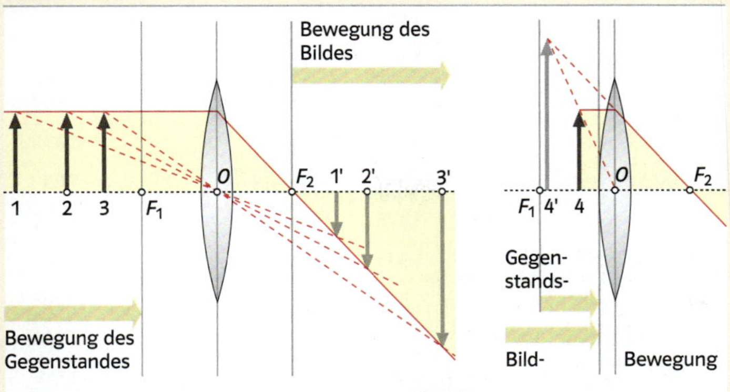

Gegenstands-weite *g*		Bildweite *b*	Art des Bildes	Anwendungsbeispiel
	$g = \infty$	$b = f$	„punktförmig"	Brennglas
1	$g > 2f$	$f < b < 2f$	umgekehrt, verkleinert, reell	Fotoapparat
2	$g = 2f$	$b = 2f$	umgekehrt, gleich groß, reell	Bildumkehrung, Bestimmung von f
3	$2f > g > f$	$b > 2f$	umgekehrt, vergrößert, reell	Projektor, parallele Lichtstrahlen
	$g = f$	$b = \infty$	–	Herstellung paralleler Lichtstrahlen, Lupe
4	$g < f$	$\lvert b \rvert > g$	aufrecht, vergrößert, virtuell	Auch bei der Lupe möglich

Abbildung mit einem Hohlspiegel

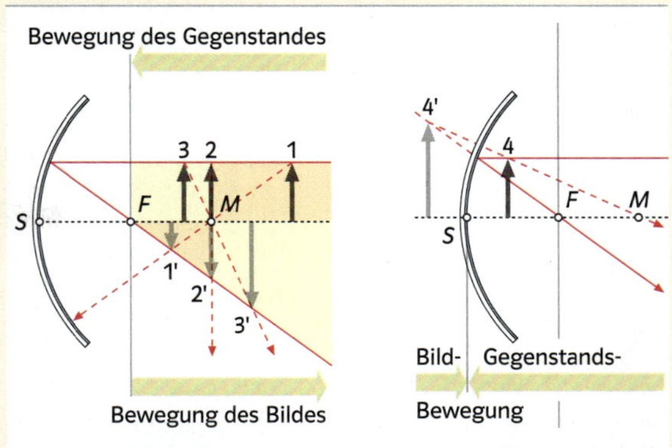

g	Bildweite *b*	Art des Bildes	Anwendungsbeispiel
	$b = f$	„punktförmig"	Wärmegewinnung
1	$f < b < 2f$	umgekehrt, verkleinert, reell	Spiegelfernrohr
2	$b = 2f = r$	umgekehrt, gleich groß, reell	Messung der Brennweite
3	$b > 2f$	umgekehrt, vergrößert, reell	Abblendlicht
	$b = \infty$	–	Fernlicht
4	$\lvert b \rvert > g$	aufrecht, vergrößert, virtuell	Zahnarztspiegel, Rasierspiegel

Farbaddition

Beispiel: Rot + Grün = Gelb;
Blau + Rot + Grün = Weiß

Farbsubtraktion

Weiß – (Gelb + Blaugrün) = Grün;
Weiß – (Purpur + Gelb + Blaugrün) = Schwarz

Farbenkreis

Eine Farbe ergibt sich durch Addieren ihrer beiden Nachbarn

Farbendreieck

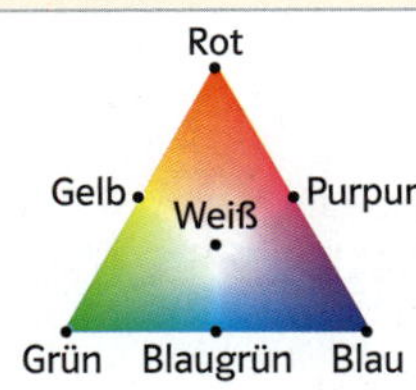

Farbe durch Seitenkoordinaten (zur Mitte: Helligkeitsabstufungen)

Hauptspektrallinien in nm

Natrium			590	589								
Wasserstoff		656			486		434	410				
Helium	707	668	588	502	492	471	447					
Cadmium		644		509	468	466					326	
Quecksilber			578	546	492		435	408	405	365	334	313

Fraunhoferlinien in nm (A und B stammen von der Erdatmosphäre)

	A (rot)	B (rot)	C (orange)	D (gelb)	E (grün)	F (blau)	G (blau)	H (violett)
λ in nm	761	687	656	589	527	486	431	397
Herkunft	O	O	H_α	Na	Fe	H_β	Fe	Ca

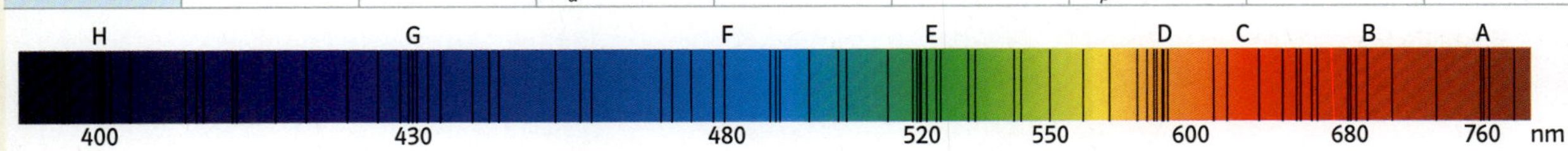

Brechzahlen bei Einfall aus dem Vakuum mit λ = 589,3 nm[1]

Aceton	1,36	Glimmer	1,599	Methanol	1,329	Schwefelkohlenstoff	1,628
Aragonit ($CaCO_3$)	1,686	Glycerin	1,455	Plexiglas	1,491	Steinsalz	1,544
Baryt ($BaSO_4$)	1,648	Kaliumbromid	1,560	Pyridin	1,628	Topas	1,637
Benzol	1,501	Kaliumchlorid	1,490	Quarzglas	1,458	Toluol	1,496
Diamant	2,417	Kaliumiodid	1,609	Quarzkristall	1,542	Turmalin	1,65
Diethylether	1,353	Kanadabalsam	1,542	Rizinusöl	1,478	Vakuum	1,000
Ethanol	1,36	Kochsalz	1,544	Rohrzucker	1,571	Wasser	1,333
Eis (*0 °C*)	1,309	Kronglas (*schweres*)	1,615	Rübenzucker (*30 %-Lsg.*)	1,38	Xylol ($C_6H_4(CH_3)_2$)	1,503
Flintglas (*schweres*)	1,753	Leinöl	1,486	Rübenzucker (*80 %-Lsg.*)	1,49	Zedernholzöl	1,505
Flussspat (CaF_2)	1,434	Lithiumfluorid	1,392	Rutil (TiO_2)	2,903	Zimtaldehyd (C_9H_8O)	1,619
Glaubersalz	1,398	Luft (*trocken, 0 °C*)	1,000 28	Saphir/Rubin	1,768	Zirkon ($ZrSiO_4$)	1,923

[1] Je nach Herkunft und chemischer Reinheit der Stoffe sind Abweichungen ab der 1. Nachkommastelle möglich.

Dispersion einiger Stoffe

Wellenlänge	Ethanol	Wasser	Schwefel-Kohlenstoff	Flintglas (leicht)	Quarzglas	Kalkspat (ordentlich)	(außerordentlich)
687 nm (rot)	1,358	1,330	1,62	1,60	1,45	1,65	1,48
589 nm (gelb)	1,361	1,333	1,63	1,61	1,46	1,66	1,49
431 nm (blau)	1,370	1,341	1,68	1,63	1,47	1,68	1,50

Frequenzbereiche elektromagnetischer Wellen

Sendefrequenz	Wellenlänge	Anwendungsbereich
30 kHz – 300 kHz	10 km – 1 km	Langwelle: See- und Raumfahrt
300 kHz – 3 MHz	1 km – 0,1 km	Mittelwellen-Rundfunk
3 MHz – 30 MHz	100 m – 10 m	Kurzwellen-Rundfunk
30 MHz – 300 MHz	10 m – 1 m	UKW-Radio, Fernsehen (*VHF*)
300 MHz – 3 GHz	1 m – 0,1 m	Fernsehen, Mobilfunk
3 GHz – 30 GHz	10 cm – 1 cm	Satellitenfunk

Wellenlängenbereiche elektromagnetische Wellen

Farbe	Wellenlänge in 10^{-9} m (nm)	Frequenz in 10^{14} Hz
Rot	660 – 780	4,55 – 3,85
Orange	595 – 660	5,04 – 4,55
Gelb	575 – 595	5,22 – 5,04
Grün	490 – 575	6,12 – 5,22
Blau	440 – 490	6,82 – 6,12
Violett	390 – 420	7,69 – 7,14

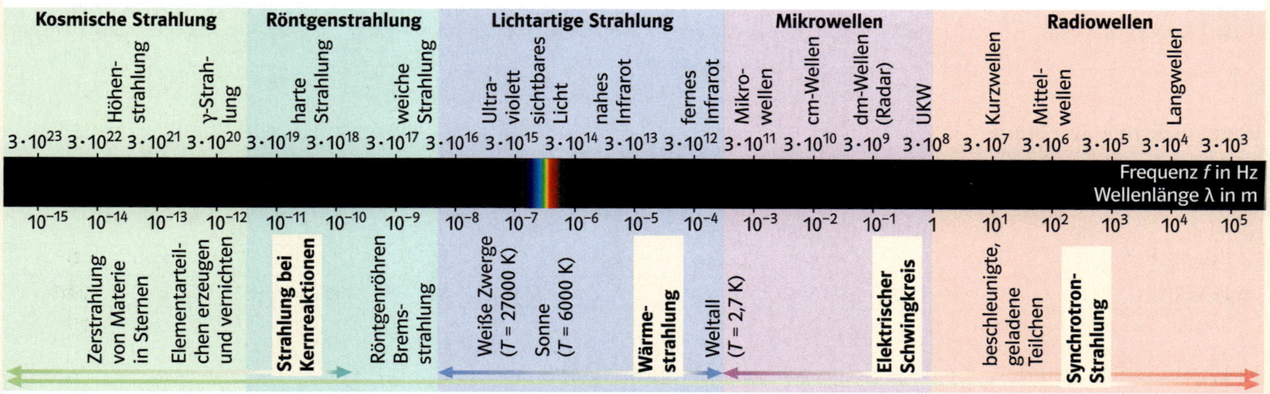

Grundregeln des Strahlenschutzes

1	Möglichst **großer Abstand** zur Strahlenquelle	2	Möglichst **kurze Aufenthaltsdauer** in der Strahlung	3	Möglichst **viel Abschirmung** der Strahlung	4	Möglichst **wenig Stoffaufnahme** durch Atmung/Nahrung

q-Faktor (Qualitätsfaktor) zur biologischen Wirksamkeit von Strahlungsarten[1]

Röntgenstrahlung	1	**β-Strahlung**	1	**thermische Neutronen**	3	**α-Strahlung**	20
γ-Strahlung	1	**Protonen**	10	**schnelle Neutronen**	10	**schwere Ionen[2]**	20

[1] Werte geben nur Größenordnungen der biologischen Wirkung durch Ionisation an, die sich durch Vergleich mit der Wirkung einer γ-Strahlung gleicher Energiedosis D_E ergeben; das Produkt $D_q = q \cdot D_E$ heißt Äquivalentdosis.; [2] Rückstoßkerne nach Zerfall

Strahlenbelastung des Menschen (Durchschnittswerte[1])

Natürliche Radioaktivität im Menschen (70 kg) durch	
$^{40}_{19}K$	4500 Bq
$^{14}_{6}C$	3800 Bq
$^{87}_{37}Rb$	650 Bq
$^{210}_{82}Pb$; $^{210}_{83}Bi$; $^{210}_{84}Po$	60 Bq
$^{210}_{86}Rn$	30 Bq
$^{3}_{1}H$	25 Bq
$^{7}_{4}Be$	25 Bq
$^{222}_{86}Rn$	15 Bq
Sonstige	7 Bq
Summe	≈ 9100 Bq

Belastung durch kosmische Strahlung

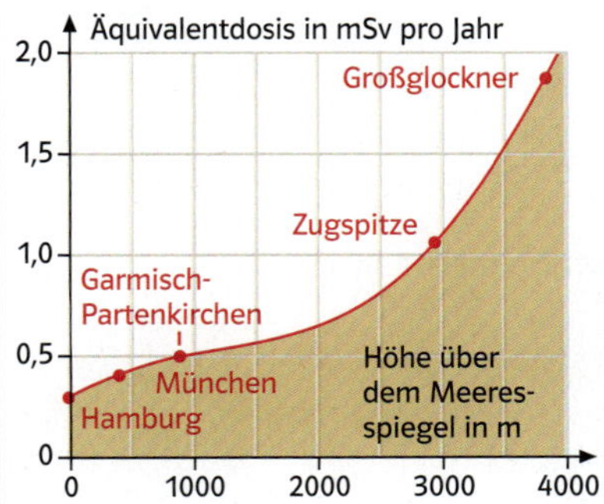

Ort/Land	**mSv/Jahr**
Schleswig-Holstein	0,14
Weserbergland	0,58
Braunschweig	0,58
Harz	1,02
Spessart	1,02
Bayerischer Wald	1,46
Katzenbuckel (*BW*)	6,30
Indien (*Kerala*)	bis 27
Brasilien (*Atlantikküste*)	bis 87

[1] menschlicher Körper ≈ 130 Bq/kg; Nahrungsmittel ≈ 40 Bq/kg

Jährliche Strahlenbelastung[1] durch

kosmische Strahlung		**terrestrische Strahlung[2] im Freien**	
in Meereshöhe	0,45 mSv	Brandenburg	0,2 mSv
in 1000 m Höhe	0,75 mSv	Bremen	0,3 mSv
in 3000 m Höhe	1,45 mSv	Baden-Württemberg	0,4 mSv
Ernährung[3]	0,4 mSv	Nordrhein-Westfalen	0,4 mSv
medizinische Behandlung	1,8 mSv	Rheinland-Pfalz	0,4 mSv
Kernwaffentests, Reaktorunglücke	0,04 mSv	Thüringen	0,4 mSv
Fernsehgeräte, Fliegen	0,02 mSv	Bayern	0,5 mSv
Kernreaktoren	0,001 mSv	Saarland	0,5 mSv

[1] Durchschnittswerte der Bevölkerung; [2] vorwiegend durch Zerfall von Uran-238, Thorium-232 und Radon-222; [3] vorwiegend durch Zerfall von Kalium-40

Strahlenschäden durch kurzzeitige Belastung mit

250–500 mSv	Veränderung im Blutbild, Schäden an Embryos
1000 mSv	Beginn der Strahlenkrankheit: Übelkeit, Erbrechen, Haarausfall
2000 mSv	Strahlenkrankheit, Hautschäden
3000 mSv	Blutungen, schwere Veränderungen im Blutbild
4000 mSv	schwere Entzündungen, 50 % Todesfälle
ab 5000 mSv	mehr als 90 % Todesfälle

Die Explosion der „kleinen" Atombomben auf Hiroshima und Nagasaki im August 1945 tötete von rund 570 000 Einwohnern etwa 190 000, in den Folgejahren starben durch Strahlenschäden weitere 60 000.

Grenzwerte für beruflich strahlenexponierte Personen[1]

Körperbereich	**mSv/a**
Hände, Unterarme, Füße, Unterschenkel, Knöchel (*einschließlich ihrer Haut*)	500
Schilddrüse, restliche Knochenoberfläche und Haut	300
Gebärmutter, Keimdrüsen, rotes Knochenmark	50
alle übrigen Organe und Gewebe	150

[1] Für die normale Bevölkerung gelten jeweils $\frac{1}{10}$ dieser Werte.

Biologische Strahlenwirkung in weichem Körpergewebe

Strahlung	Erzeugung	Ladung in e	Energie in MeV	linearer Energieverlust	
				in eV/10^{-9} m	Ionenpaare/10^{-6} m
α-Strahlen	Kernzerfall ^{239}Pu	+2	1–5,5	300–120	9000–3700
β^--Strahlen[1]	Kernzerfall	−1	0,5–3,0	0,3	8,5
Röntgenstrahlung	Röntgenröhre	0	0,01–0,15	13–0,5	400–15
Protonen	Beschleuniger	+1	8–150	13–1,7	380–50
Neutronen	Kernreaktionen	0	0,07–50	30 000–3,3	10^6–100

[1] gilt auch für Elektronen von einem Kreisbeschleuniger mit 20–30 MeV

Halbwertsdicke $d_{1/2}$ bei unterschiedlichen Energien einer γ-Strahlung in cm

Stoff	0,01 MeV	0,1 MeV	1 MeV	10 MeV	Stoff	0,01 MeV	0,1 MeV	1 MeV	10 MeV
Luft	105,5	3 467	8 459	26 592	Eisen	0,0005	0,237	1,47	3,00
Graphit	0,14	2,03	4,84	15,9	Kupfer	0,0003	0,169	1,32	2,55
Wasser	0,13	4,05	9,81	31,6	Zinn	0,0008	0,147	1,20	2,66
Aluminium	0,01	1,52	4,20	11,3	Blei	0,0007	0,037	0,40	1,44

Austrittsarbeit[1] W_A von Elektronen fester Elemente in eV

Aluminium	4,08	**Caesium**	1,84	**Kalium**	1,81	**Silber**	4,08
Barium	2,52	**Calcium**	3,20	**Kohlenstoff**	4,36	**Silicium**	3,59
Bismut	4,32	**Eisen**	4,72	**Kupfer**	4,7	**Wolfram**	4,53
Blei	4,14	**Germanium**	4,62	**Natrium**	2,28	**Zink**	4,31
Cadmium	4,04	**Gold**	4,42	**Platin**	5,32	**Zinn**	4,39

[1] durch Glühemission, Feldemission oder Fotoeffekt; für Werte in 10^{-19} J ist der Faktor 1,6 (in der Regel) ausreichend genau.

Ionisationsenergie E_{ion} gasförmiger Elemente in eV

Atom	1. Elektron	2. Elektron	Atom	1. Elektron	2. Elektron	Atom	1. Elektron	2. Elektron
Wasserstoff	13,597	–	Sauerstoff	13,62	35,11	Phosphor	10,48	19,72
Helium	24,57	54,42	Fluor	17,42	34,97	Schwefel	10,36	23,33
Lithium	5,39	75,63	Neon	21,56	40,96	Chlor	6,47	23,80
Beryllium	9,33	18,21	Natrium	5,14	47,29	Argon	15,75	27,57
Bor	8,30	25,15	Magnesium	7,65	15,04	Kalium	4,34	31,62
Kohlenstoff	11,25	24,39	Aluminium	5,98	18,83	Calcium	6,10	11,87
Stickstoff	14,53	29,60	Silicium	8,15	16,34	Quecksilber	10,43	18,76

Frequenz der K_α-Linie im charakteristischen Röntgenspektrum in 10^{18} Hz

Al	0,32	**Si**	0,42	**K**	0,77	**Ca**	0,89	**Ti**	1,08	**V**	1,19	**Mn**	1,42	**Cr**	1,31	**Co**	1,67
Fe	1,54	**Cu**	1,94	**Ni**	1,80	**Zn**	2,07	**Zr**	3,82	**Nb**	4,01	**Mo**	4,22	**Pd**	4,97	**Ag**	5,06

Atomare Teilchen

Teilchen	Symbol	Nuklidzeichen	Ladung	Lebensdauer	Ruhemasse	Ruheenergie
Elektron	e^-	${}^{-1}_{0}e$	−e	stabil	$m_{e^-} = 9{,}1094 \cdot 10^{-31}\,kg$	0,511 MeV
Positron[1]	e^+	${}^{+1}_{0}e$	+e	stabil	$m_{e^+} = 9{,}1094 \cdot 10^{-31}\,kg$	0,511 MeV
Proton	p	${}^{1}_{1}H^+$	+e	stabil	$m_p = 1{,}6726 \cdot 10^{-27}\,kg$	938,280 MeV
Neutron[2]	n	${}^{1}_{0}n$	0	930 s	$m_N = 1{,}6749 \cdot 10^{-27}\,kg$	939,573 MeV
Deuteron[3]	d	${}^{2}_{1}H^+$	+e	stabil	$m_D = 3{,}3445 \cdot 10^{-27}\,kg$	1875,628 MeV
α-Teilchen[4]	α	${}^{4}_{2}He^{++}$	+2e	stabil	$m_{He} = 6{,}6468 \cdot 10^{-27}\,kg$	3727,409 MeV

[1] Das Positron ist das Antiteilchen des Elektrons. Trifft es mit einem Elektron zusammen, werden beide annihiliert, die Teilchen verschwinden und es entstehen zwei entgegengesetzt gerichtet Gammaquanten, die Ruhe- und Bewegungsenergie sowie den Gesamtimpuls der Teilchen übernehmen.
[2] Freie Neutronen sind instabil.
[3] Kern des Wasserstoffisotops Deuterium ${}^{2}_{1}H$, das mit Sauerstoff das so genannte schwere Wasser bildet.
[4] Kern des Heliumisotops He-4

Reichweite und Energie von α-Strahlung in Luft (1013 hPa, 15 °C)

Energie in MeV	1,0	2,0	3,0	5,0	7,5	10,0
Reichweite in cm	0,55	1,07	1,71	3,45	6,53	10,55

Reichweite und Energie von β-Strahlung in Aluminium[1]

Energie in MeV	0,1	0,2	0,4	0,8	1,0	2,0
Reichweite in 10^{-3} cm	5	17	50	117	150	370

[1] Reichweiten in anderen Stoffen ergeben sich durch Multiplikation der Reichweite in Aluminium mit $\varrho_{Alu}/\varrho_{Stoff}$.

Transurane *(Stand 2007)*

	Symbol	Z	A	$t_{1/2}$		Symbol	Z	A	$t_{1/2}$
Neptunium	Np	93	237	$2{,}1 \cdot 10^6$ a	Lawrencium	Lr	103	262	3,6 h
Plutonium	Pu	94	244	$8{,}0 \cdot 10^7$ a	Rutherfordium	Rf	104	261	78 s
Americium	Am	95	243	7400 a	Dubnium	Db	105	262	34 s
Curium	Cm	96	247	$1{,}6 \cdot 10^7$ a	Saeborgium	Sg	106	266	21 s
Berkelium	Bk	97	247	1400 a	Bohrium	Bh	107	267	17 s
Californium	Cf	98	251	900 a	Hassium	Hs	108	269	9 s
Einsteinium	Es	99	252	472 d	Meitnerium	Mt	109	268	70 ms
Fermium	Fm	100	257	101 d	Darmstadtium	Ds	110	273	118 ms
Mendelevium	Md	101	258	52 d	Roentgenium	Rg	111	272	1,5 ms
Nobelium	No	102	259	58 min	Copernicium	Cn	112	285	29 s

Z = Kernladungszahl; A = Atommassenzahl; $t_{1/2}$ = Halbwertszeit des jeweils langlebigsten Nuklids; ab $Z = 107$ sind die Daten noch unsicher.

Kernbindungsenergie pro Nukleon in MeV

^{1}H	–	^{2}H	1,11	^{3}He	2,83	^{4}He	7,07	^{7}Li	5,60	^{11}B	7,39	^{12}C	7,67	^{16}O	8,02	^{20}Ne	7,96
^{24}Mg	8,37	^{31}P	8,46	^{84}Kr	8,72	^{120}Sn	8,51	^{157}Gd	8,21	^{197}Au	7,91	^{237}Ac	7,65	^{238}U	7,51	^{239}Pu	7,56

Radioaktive Zerfallsreihen

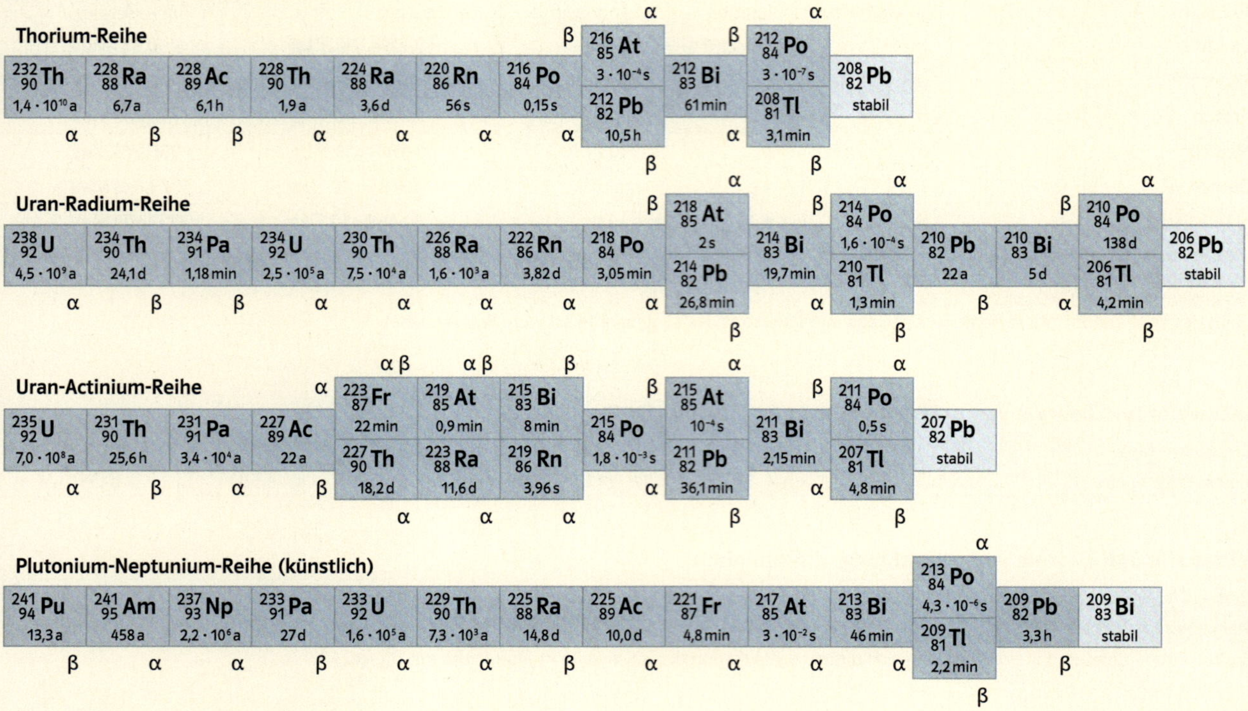

Ausgewählte Isotope

Element	Kernladung	Massenzahl	Kernmasse in u[1]	Halbwertszeit bzw. Häufigkeit im natürlichen Isotopengemisch	Element	Kernladung	Massenzahl	Kernmasse in u[1]	Halbwertszeit bzw. Häufigkeit im natürlichen Isotopengemisch
H	1	1	1,0072765	stabil, 99,985 %	I	53	123	122,877045	γ/13,3 h
	1	2	2,0135534	stabil, 0,015 %		53	127	126,875396	stabil, 100 %
	1	3	3,0155004	β⁻/12,346 a		53	131	130,877045	β⁻/8,05 d
He	2	3	3,014932	stabil, 0,00013 %	Ba	56	137	136,874780	stabil, 11,2 % [2]
	2	4	4,001506	stabil, 99,99987 %		56	138	137,874290	stabil, 71,9 %
	2	6	6,017793	β⁻/0,802 s		56	144	143,871420	β⁻/11,9 s
Li	3	6	6,013479	stabil, 7,4 %	Tl	81	206	205,932065	β⁻/4,19 min
	3	7	7,014358	stabil, 92,6 %	Pb	82	206	205,929471	stabil, 24,1 %
Be	4	9	9,009992	stabil, 100 %		82	207	206,930619	stabil, 22,1 %
B	5	10	10,010196	stabil, 20 %		82	208	207,931516	stabil, 52,4 %
	5	11	11,006562	stabil, 80 %	Po	84	210	209,936795	α/138,38 d
C	6	12	11,996708	stabil, 98,89 %		84	218	217,962850	α/3,05 min
	6	13	13,000044	stabil, 1,11 %	Rn	86	219	218,962302	α/3,96 s
	6	14	13,999948	β⁻/5730 a		86	220	219,964222	α/55,4 s
O	8	16	15,990526	stabil, 99,756 %		86	222	221,970352	α/3,824 d
	8	17	16,994741	stabil, 0,039 %	Ra	88	224	223,971945	α/3,64 d
	8	18	17,994771	stabil, 0,205 %		88	226	225,977085	α/1620 a
K	19	39	38,953287	stabil, 93,2 %		88	228	227,982865	β⁻/5,75 a
	19	40	39,953577	β⁻/1,2 · 10⁹ a	U	92	233	232,989061	α/1,62 · 10⁵ a
	19	41	40,951407	stabil, 6,7 %		92	234	233,990431	α/2,47 · 10⁵ a
Fe	26	56	55,920676	stabil, 91,8 %		92	235	234,99346	α/7,04 · 10⁸ a
Kr	36	82	81,893731	stabil, 11,6 %		92	236	235,995221	α/2,39 · 10⁷ a
	36	83	82,891754	stabil, 11,5 %		92	237	236,998211	β⁻/6,75 d
	36	84	83,891754	stabil, 57,0 %		92	238	238,000301	α/4,47 · 10⁹ a
	36	85	84,910890	β⁻/10,78 a		92	239	239,003821	β⁻/23,5 min
	36	86	85,890867	stabil, 17,3 %	Pu	94	239	239,000534	α/2,439 · 10⁴ a

[1] 1 u = 1,66053837 · 10⁻²⁷ kg
[2] angeregter Zustand $T_{1/2}$ = 2,55 min

Natürliche radioaktive Isotope

Element	Symbol	Ordnungszahl	Massenzahl	Atommasse in u [1]	Strahlungsart	Halbwertszeit
Polonium	Po	84	210	209,982876	α	138,4 d
			211	210,986657	α	0,5 s
			212	211,988866	α	$3 \cdot 10^{-7}$ s
			214	213,995201	α	$1,3 \cdot 10^{-4}$ s
			215	214,99942	α	$1,8 \cdot 10^{-3}$ s
			216	216,00192	α	0,15 s
			218	218,00893	α	3 min
Astatin	At	85	215	214,99866	α	10^{-4} s
			218	218,00861	α	2 s
Radon	Rn	86	219	219,00948	α	4,0 s
			220	220,01140	α	55 s
			222	222,01753	α	3,83 d
Francium	Fr	87	223	223,01974	β^-	22 min
Radium	Ra	88	223	223,01850	α	11,4 d
			224	224,02022	α	3,6 d
			226	226,02536	α	$1,6 \cdot 10^{3}$ a
			228	228,03114	β	5,8 a

Element	Symbol	Ordnungszahl	Massenzahl	Atommasse in u [1]	Strahlungsart	Halbwertszeit
Aktinium	Ac	89	227	227,02775	β^-	22 s
			228	228,03108	β^-	6,1 h
Thorium	Th	90	227	227,02771	α	18,5 d
			228	228,02875	β^-	1,91 a
			230	230,03309	α	$8 \cdot 10^{4}$ a
			231	231,03629	β	25 h
	(100 %)		232	232,03812	α	$1,4 \cdot 10^{10}$ a
			234	234,04358	β^-	24 h
Proaktinium	Pa	91	231	231,03588	α	$3,4 \cdot 10^{4}$ a
			234	234,04330	β^-	6,7 h
Uran	U	92				
	(0,056 %)		234	234,04090	α	$2,5 \cdot 10^{5}$ a
	(0,72 %)		235	235,04392	α	$7,1 \cdot 10^{8}$ a
	(99,27 %)		238	238,05077	α	$4,5 \cdot 10^{9}$ a

[1] $1\,u = 1,66053837 \cdot 10^{-27}$ kg

Technisch wichtige radioaktive Isotope und ihre Strahlung

Isotop	Symbol	$t_{1/2}$	Strahlung, Energie (MeV)			
			α	β^-	β^+	γ
Wasserstoff[1] (*Tritium*)	$^{3}_{1}$T	12,3 a	–	0,018	–	–
Kohlenstoff[1]	$^{14}_{6}$C	5760 a	–	0,158	–	–
Stickstoff[1]	$^{13}_{7}$N	10 min	–	–	1,19	–
Sauerstoff[1]	$^{15}_{8}$O	124 s	–	–	1,73	–
Natrium[1]	$^{22}_{11}$Na	2,6 a	–	–	0,54	1,274
	$^{24}_{11}$Na	15 h	–	1,39	–	1,368; 2,753
Phosphor[1]	$^{32}_{15}$P	14,3 d	–	1,71	–	–
Schwefel[1]	$^{35}_{16}$S	87 d	–	0,167	–	–
Chlor[1]	$^{36}_{17}$Cl	$3 \cdot 10^{5}$ a	–	0,71	–	–
	$^{38}_{17}$Cl	48 min	–	4,8	–	2,2; 1,6
Kalium[1]	$^{42}_{19}$K	12,4 h	–	3,55	–	1,52
Calcium[1]	$^{45}_{20}$Ca	164 d	–	0,254	–	–
Chrom[1]	$^{51}_{24}$Cr	27,8 d	–	–	–	0,32
Eisen[1]	$^{59}_{26}$Fe	45 d	–	0,46	–	1,29; 1,10
Cobalt[1]	$^{60}_{27}$Co	5,25 a	–	0,31	–	1,33; 1,73
Kupfer[1]	$^{64}_{29}$cu	12,8 h	–	0,57	0,66	1,34
Zink[1]	$^{65}_{30}$Zn	246 d	–	–	0,326	1,12

Isotop	Symbol	$t_{1/2}$	Strahlung, Energie (MeV)			
			α	β^-	β^+	γ
Silber[1]	$^{110}_{47}$Ag	270 d	–	0,087	–	1,3
Iod[1]	$^{123}_{53}$I	13,2 h	–	–	–	0,159
	$^{131}_{53}$I	8,14 d	–	0,61	–	0,346; 0,639
Cäsium[1]	$^{137}_{55}$Cs	26,6 a	–	0,52	–	0,662
Wolfram[1]	$^{185}_{74}$W	73,2 d	–	0,43	–	0,125
Gold[1]	$^{198}_{79}$Au	2,7 d	–	0,96	–	0,412
Polonium	$^{210}_{84}$Po	138 d	5,31	–	–	0,80
Radon	$^{222}_{86}$Rn	3,83 d	5,49	–	–	0,51
	$^{220}_{86}$Rn	55 s	6,29	–	–	0,54
Radium	$^{226}_{88}$Ra	1601 a	4,78	–	–	0,186
			4,60			
Uran	$^{234}_{92}$U	$2,5 \cdot 10^{5}$ a	4,77	–	–	0,12; 0,05
	$^{235}_{92}$U	$7,1 \cdot 10^{8}$ a	4,35	–	–	0,18; 0,14
			4,56			
	$^{238}_{92}$U	$4,5 \cdot 10^{9}$ a	4,19	–	–	0,048
Neptunium[1]	$^{239}_{93}$Np	2,3 d	0,72	–	–	0,33
Plutonium[1]	$^{239}_{94}$Pu	$2,44 \cdot 10^{4}$ a	5,15	–	–	0,42
			5,13			

[1] künstlich hergestellt; $t_{1/2}$ = Halbwertszeit

Periodensystem der Elemente

	Hauptgruppen		Nebengruppen											Hauptgruppen						
Periode	I																		VIII/0	Periode
1	1,00794 $_{1}$**H** Wasserstoff 1	II												III	IV	V	VI	VII	4,00260 $_{2}$**He** Helium –	1
2	6,941 $_{3}$**Li** Lithium 1	9,01218 $_{4}$**Be** Beryllium 2												10,811 $_{5}$**B** Bor 3	12,0107 $_{6}$**C** Kohlenstoff 4	14,0067 $_{7}$**N** Stickstoff 5	15,9994 $_{8}$**O** Sauerstoff 6	18,9984 $_{9}$**F** Fluor 7	20,1797 $_{10}$**Ne** Neon –	2
3	22,9898 $_{11}$**Na** Natrium 1	24,3050 $_{12}$**Mg** Magnesium 2	IIIa		IVa	Va	VIa	VIIa		VIIIa		Ia	IIa	26,9815 $_{13}$**Al** Aluminium 3	28,0855 $_{14}$**Si** Silicium 4	30,9738 $_{15}$**P** Phosphor 5	32,065 $_{16}$**S** Schwefel 6	35,453 $_{17}$**Cl** Chlor 7	39,948 $_{18}$**Ar** Argon –	3
4	39,0983 $_{19}$**K** Kalium 1	40,078 $_{20}$**Ca** Calcium 2	44,9559 $_{21}$**Sc** Scandium 3		47,867 $_{22}$**Ti** Titan 4	50,9415 $_{23}$**V** Vanadium 5	51,9961 $_{24}$**Cr** Chrom 6	54,9380 $_{25}$**Mn** Mangan 7	55,845 $_{26}$**Fe** Eisen 8	58,9332 $_{27}$**Co** Cobalt 9	58,6934 $_{28}$**Ni** Nickel 10	65,546 $_{29}$**Cu** Kupfer 11	65,409 $_{30}$**Zn** Zink 2	69,723 $_{31}$**Ga** Gallium 3	72,64 $_{32}$**Ge** Germanium 4	74,9216 $_{33}$**As** Arsen 5	78,96 $_{34}$**Se** Selen 6	79,904 $_{35}$**Br** Brom 7	83,798 $_{36}$**Kr** Krypton –	4
5	85,4678 $_{37}$**Rb** Rubidium 1	87,62 $_{38}$**Sr** Strontium 2	88,9059 $_{39}$**Y** Yttrium 3		91,224 $_{40}$**Zr** Zirconium 4	92,9064 $_{41}$**Nb** Niob 5	95,94 $_{42}$**Mo** Molybdän 6	(97,9072) $_{43}$**Tc*** Technetium 7	101,07 $_{44}$**Ru** Ruthenium 8	102,906 $_{45}$**Rh** Rhodium 9	106,42 $_{46}$**Pd** Palladium 10	107,868 $_{47}$**Ag** Silber 11	112,411 $_{48}$**Cd** Cadmium 2	114,818 $_{49}$**In** Indium 3	118,710 $_{50}$**Sn** Zinn 4	121,760 $_{51}$**Sb** Antimon 5	127,60 $_{52}$**Te** Tellur 6	126,904 $_{53}$**I** Iod 7	131,293 $_{54}$**Xe** Xenon –	5
6	132,905 $_{55}$**Cs** Caesium 1	137,327 $_{56}$**Ba** Barium 2	138,906 $_{57}$**La** Lanthan 3	**Lanthanoide** 58 – 71	178,49 $_{72}$**Hf** Hafnium 4	180,948 $_{73}$**Ta** Tantal 5	183,84 $_{74}$**W** Wolfram 6	186,207 $_{75}$**Re** Rhenium 7	190,23 $_{76}$**Os** Osmium 8	192,217 $_{77}$**Ir** Iridium 9	195,078 $_{78}$**Pt** Platin 10	196,967 $_{79}$**Au** Gold 11	200,59 $_{80}$**Hg** Quecksilber 2	204,383 $_{81}$**Tl** Thallium 3	207,2 $_{82}$**Pb** Blei 4	208,980 $_{83}$**Bi** Bismut 5	(209) $_{84}$**Po*** Polonium 6	(210) $_{85}$**At*** Astat 7	(222) $_{86}$**Rn*** Radon –	6
7	(223) $_{87}$**Fr*** Francium 1	(226) $_{88}$**Ra*** Radium 2	(227) $_{89}$**Ac*** Actinium 3	**Actinoide** 90 – 103	(267) $_{104}$**Rf*** Rutherfordium 4	(268) $_{105}$**Db*** Dubnium 5	(271) $_{106}$**Sg*** Seaborgium 6	(270) $_{107}$**Bh*** Bohrium 7	(277) $_{108}$**Hs*** Hassium 8	(278) $_{109}$**Mt*** Meitnerium 9	(281) $_{110}$**Ds*** Darmstadtium 10	(282) $_{111}$**Rg*** Roentgenium 11	(285) $_{112}$**Cn*** Copernicium 2	(286) $_{113}$**Nh*** Ninonium 3	(289) $_{114}$**Fl*** Flerovium 4	(290) $_{115}$**Mc*** Moscovium 5	(293) $_{116}$**Lv*** Livermorium 6	(294) $_{117}$**Ts*** Tenness 7	(294) $_{118}$**Og*** Oganesson –	7

Lanthanoide

6	140,116 $_{58}$**Ce** Cer 4	140,908 $_{59}$**Pr** Praseodym 5	144,24 $_{60}$**Nd** Neodym 6	(144,913) $_{61}$**Pm*** Promethium 7	150,36 $_{62}$**Sm** Samarium 8	151,964 $_{63}$**Eu** Europium 9	157,25 $_{64}$**Gd** Gadolinium 10	158,925 $_{65}$**Tb** Terbium 11	162,50 $_{66}$**Dy** Dysprosium 12	164,930 $_{67}$**Ho** Holmium 13	167,259 $_{68}$**Er** Erbium 14	168,934 $_{69}$**Tm** Thulium 15	173,04 $_{70}$**Yb** Ytterbium 16	164,967 $_{71}$**Lu** Lutetium 3

Actinoide

7	(232) $_{90}$**Th*** Thorium 4	(231) $_{91}$**Pa*** Protactinium 5	(238) $_{92}$**U*** Uran 6	(237) $_{93}$**Np*** Neptunium 7	(244) $_{94}$**Pu*** Plutonium 8	(243) $_{95}$**Am*** Americium 9	(247) $_{96}$**Cm*** Curium 10	(247) $_{97}$**Bk*** Berkelium 11	(251) $_{98}$**Cf*** Californium 12	(252) $_{99}$**Es*** Einsteinium 13	(257) $_{100}$**Fm*** Fermium 14	(258) $_{101}$**Md*** Mendelevium 15	(259) $_{102}$**No*** Nobelium 16	(266) $_{103}$**Lr*** Lawrencium 3

Elementsymbol

238,029 $_{92}$**U*** Uran 6

* Alle Isotope dieses Elements sind radioaktiv.
Im Kästchen links unten ist die Anzahl der für chemische Bindungen in Frage kommenden Elektronen angegeben. Die Zahl oberhalb des Elementsymbols gibt die Atommasse in u ($1 u = 1{,}661 \cdot 10^{-27}$ kg) der natürlichen Isotopenmischung an (Zahl in Klammern: Atommasse des langlebigsten Isotops). Die untere Zahl ist die Kernladungs- bzw. Ordnungszahl.

Elementarteilchen (Auswahl)

Gruppe	Name	Symbol	Masse m in MeV/c²	Ladung Q in e = $1{,}60218 \cdot 10^{-19}$ C	Spin s	Mittlere Lebensdauer T in s	Zerfalls-möglichkeit[1]
Hadronen							
Baryonen	Proton	p	938,27	+1	1/2	stabil	–
	Neutron	n	939,57	0	1/2	930 s	$n \rightarrow p e^- \bar{\nu}_e$
	Lambda-Null	Λ^0	1115,6	0	1/2	$2{,}6 \cdot 10^{-10}$	$\Lambda^0 \rightarrow p \pi^-$
	Sigma-Plus	Σ^+	1189,4	+1	1/2	$0{,}8 \cdot 10^{-10}$	$\Sigma^+ \rightarrow p \pi^0$
	Sigma-Stern-Minus	Σ^{*-}	1385	−1	1/2	$1{,}3 \cdot 10^{-10}$	$\Sigma^{*-} \rightarrow \Delta^0 \pi^-$
	Delta-Null	Δ^0	1235	0	1/2	$0{,}4 \cdot 10^{-10}$	$\Delta^0 \rightarrow n \pi^0$
	Xi-Null	Ξ^0	1315	−1	1/2	$3{,}0 \cdot 10^{-10}$	$\Xi^0 \rightarrow \Delta^0 \pi^0$
	Xi-Minus	Ξ^-	1321	−1	1/2	$1{,}6 \cdot 10^{-10}$	$\Xi^- \rightarrow \Delta^0 \pi^-$
	Xi-Stern-Minus	Ξ^{*-}	1385	−1	1/2	$0{,}5 \cdot 10^{-10}$	$\Xi^{*-} \rightarrow \Xi^0 \pi^-$
	Omega-Minus	Ω^-	1672	−1	3/2	$0{,}8 \cdot 10^{-10}$	$\Omega^- \rightarrow \Delta^0 K^-$
Mesonen	Pion-Minus	π^-	139,6	−1	0	$2{,}6 \cdot 10^{-8}$	$\pi^- \rightarrow \mu^- \nu_\mu$
	Pion-Null	π^0	135,0	0	0	$0{,}8 \cdot 10^{-16}$	$\pi^0 \rightarrow \gamma \gamma$
	Pion-Plus	π^+	139,6	+1	0	$2{,}6 \cdot 10^{-8}$	$\pi^+ \rightarrow \mu^+ \bar{\nu}_\mu$
	Kaon	K^+	493,7	+1	0	$1{,}2 \cdot 10^{-8}$	$K^+ \rightarrow \pi^+ \pi^0$
	Eta-Null	η^0	548,8	0	0	$2{,}5 \cdot 10^{-19}$	$\eta^0 \rightarrow \gamma \gamma$
Leptonen							
	Elektron	e^-	0,511	−1	1/2	stabil	–
	Myon	μ^-	105,7	−1	1/2	$2{,}2 \cdot 10^{-6}$	$\mu^- \rightarrow e^- \bar{\nu}_e \nu_\mu$
	Tauon	τ^-	1777	−1	1/2	$2{,}9 \cdot 10^{13}$ s	$\tau^- \rightarrow \mu^- \bar{\nu}_\mu \nu_\tau$
	Anti-Elektronneutrino	$\bar{\nu}_e$	0	0	1/2	stabil	–
	Myon-Neutrino	ν_μ	0	0	1/2	stabil	–
	Tau-Neutrino	ν_τ	< 24	0	1/2	stabil	–
Photon							
	Energiequant	γ	$h \cdot f$	0	1	∞	–

[1] Es existieren meist mehrere Zerfallsmöglichkeiten. Die Stabilität ist im Rahmen der Messtechnik sicher.
Bemerkung: Jedes Teilchen hat ein Antiteilchen mit entgegengesetzter Ladung, es wird mit einem Querstrich gekennzeichnet; $\bar{\bar{p}}$ ist wieder p. Teilchen und Antiteilchen vernichten sich gegenseitig. Die Spinquantenzahl ist in Vielfachen von $h/(2\pi)$ angegeben. Die Lebensdauer entspricht der Zerfallskonstanten beim radioaktiven Zerfall. Die Liste ließe sich mit mehr als 100 weiteren Teilchen verlängern.

Quark und Antiquarks

Quark	up	down	charm	strange	top	bottom	Antiquark	up	down	charm	strange	top	bottom
Symbol	u	d	c	s	t	b	**Symbol**	$\bar{u}$	$\bar{d}$	$\bar{c}$	$\bar{s}$	$\bar{t}$	$\bar{b}$
Masse m[1]	≈ 0,005	≈ 0,01	≈ 1,5	≈ 0,1	≈ 175	≈ 4,7	**Masse m[1]**	≈ 0,01	≈ 1,5	≈ 0,1	≈ 175	≈ 4,7	≈ 0,01
Ladung Q[2]	2/3	−1/3	2/3	−1/3	2/3	−1/3	**Ladung Q[2]**	−2/3	1/3	−2/3	1/3	−2/3	1/3
Baryonenzahl B	1/3	1/3	1/3	1/3	1/3	1/3	**Baryonenzahl B**	−1/3	−1/3	−1/3	−1/3	−1/3	−1/3

Baryon	Quarks	Ladung[2]	Masse[1]	Meson	Quarks	Ladung[2]	Masse[1]	Lepton	Quarks	Ladung[2]	Masse[1]
Proton	uud	+1	0,938	π^0	$u\bar{u}/d\bar{d}$	0	0,135	**Elektron**	–	−1	0,0051
Neutron	udd	0	0,940	π^+	ud	+1	0,140	**Myon**	–	−1	0,1056
Λ^0	uds	0	1,115	K^0	ds	0	0,498	**Tauon**	–	−1	1,784
Σ^+	uus	+1	1,189	K^+	us	+1	0,494	ν_e	–	0	< 50 eV
Ξ^-	dss	−1	1,321	D^0	cu	0	1,97	ν_μ	–	0	< 0,5
Ω^-	sss	−1	1,672	y^0	bb	0	9,46	ν_τ	–	0	< 70

[1] in GeV (1 GeV = $1{,}60217733 \cdot 10^{-10}$ J ≙ $1{,}782662696 \cdot 10^{-27}$ kg); [2] in e (1e = $1{,}60217733 \cdot 10^{-19}$ C)

Basiseinheiten des SI (Internationales Einheitensystem)[1]

Einheit	Definition	Bemerkungen
m Meter	1 m ist die Länge der Strecke, die Licht im Vakuum während 1/299 792 458 Sekunden durchläuft.	Die Lichtgeschwindigkeit c_0 im Vakuum ist eine Konstante. Da die Sekunde als Basiseinheit ebenfalls festliegt, ist wegen $s = v \cdot t$ auch die Länge 1 m definiert.
kg Kilogramm	1 kg ist die Masse eines Kilogrammprototyps *(Urkilogramm)*, der sich in Sèvres (Paris) befindet.	Der internationale Kilogrammprototyp ist ein Platin-Iridium-Zylinder, der etwa die Masse von 1 l Wasser hat.
s Sekunde	1 s ist das 9 192 631 770-Fache der Periodendauer der Strahlung, die vom Caesiumisotop $^{113}_{55}Cs$ bei einem genau festgelegten Quantensprung von Elektronen in seiner Atomhülle ausgesandt wird.	Die so definierte Sekunde unterscheidet sich von der früher durch astronomische Beobachtungen festgelegten Sekunde als der 31 556 925,9747ste Teil des Jahres 1900 nur um 10^{-10} s.
A Ampere	1 A ist die Stromstärke in zwei parallelen, geraden und unendlich langen Leitern im Vakuum mit vernachlässigbar kleinem, kreisförmigen Querschnitt, wenn sie im Abstand 1 m mit der Kraft $2 \cdot 10^{-7}$ N je 1 m Länge aufeinander	Eine Verwirklichung dieser Definition in ein Messverfahren ist nicht möglich (unendlich lange Drähte, vernachlässigbarer Querschnitt). Doch gibt es Versuchsanordnungen, die dieser Messvorschrift sehr nahe kommen.
K Kelvin	1 K ist der 273,16te Teil der thermodynamischen Temperatur des Tripelpunkts von Wasser.	Beim Tripelpunkt des Wassers existieren alle drei Aggregatzustände stabil nebeneinander. Das ist bei $T = 273{,}16$ K und $p = 6$ hPa der Fall.
mol Mol	1 mol ist die Stoffmenge eines Systems, das aus ebenso vielen Teilchen besteht, wie es Atome in 12 g des Isotops $^{12}_{6}C$ gibt.	Jedes System, das ein Mengenmerkmal aufweist, hat die Stoffmengeneigenschaft.
cd Candela	1 cd ist die Lichtstärke (Strahlungsleistung) einer Strahlungsquelle mit der Frequenz $540 \cdot 10^{12}$ Hz, die in einen bestimmten räumlichen Winkelbereich mit der Stärke $\frac{1}{683}$ W/sr ausgesandt wird.	Diese Definition entspricht in ihrem Wert der früheren Definition über den schwarzen Strahler, erlaubt jedoch eine genauere Reproduzierbarkeit. (1 sr = 1 Steradiant)

[1] In den nächsten Jahren werden vermutlich einige der Basiseinheiten neu definiert:
1 kg – über eine exakte Festlegung des Planck'schen Wirkungsquantums in Verbindung mit atomaren Wechselwirkungen;
1 A – entweder durch eine exakte Festlegung der Elementarladung oder über eine quantenphysikalische Definition von 1 Ω.
1 K – durch eine Festlegung der Boltzmann-Konstanten *k*
1 mol – durch eine Festlegung der Avogadro-Konstanten N_A

Weitere Einheiten mit speziellen Namen

Größe	Einheiten		Definition
Masse	u	(atomare Masseneinheit)	$1\,u = \frac{1}{12}$ der Masse des Atoms $^{12}_{6}C = 1{,}660\,538\,73 \cdot 10^{-27}$ kg
	t	(Tonne)	1 t = 1000 kg
Frequenz	Hz	(Hertz)	$1\,Hz = 1\,s^{-1}$
Kraft	N	(Newton)	$1\,N = 1\,kg \cdot m \cdot s^{-2}$
Druck	Pa	(Pascal)	$1\,Pa = 1\,N \cdot m^{-2}$
	bar	(Bar)	$1\,bar = 10^5\,Pa$
Energie	J	(Joule)	$1\,J = 1\,Nm = 1\,Ws = 1\,kg \cdot m^2 \cdot s^{-2}$
Arbeit	eV	Elektronenvolt)	$1\,eV = 1{,}602\,177\,33 \cdot 10^{-19}\,J$
Wärme	SKE	(Steinkohleeinheit)	1 kg SKE = 8,141 kWh = 29,3076 MJ
Temperatur	°C	(Grad Celsius)	1 °C = 1 K (Temperaturunterschied)
Leistung	W	(Watt)	$1\,W = 1\,J \cdot s^{-1} = 1\,kg \cdot m^2 \cdot s^{-3}$
Ladung	C	(Coulomb)	$1\,C = 1\,A \cdot s$
Spannung	V	(Volt)	$1\,V = 1\,W \cdot A^{-1} = 1\,kg \cdot m^2 \cdot A^{-1} \cdot s^{-3}$
Widerstand	Ω	(Ohm)	$1\,\Omega = 1\,V \cdot A^{-1} = 1\,kg \cdot m^2 \cdot A^{-2} \cdot s^{-3}$
Kapazität	F	(Farad)	$1\,F = 1\,C \cdot V^{-1} = 1\,A^2 \cdot s^4 \cdot kg^{-1} \cdot m^{-2}$
Magnetischer Fluss	Wb	(Weber)	$1\,Wb = 1\,V \cdot s = 1\,kg \cdot m^2 \cdot A^{-1} \cdot s^{-2}$
Magnetische Flussdichte	T	(Tesla)	$1\,T = 1\,Wb \cdot m^{-2} = 1\,kg \cdot A^{-1} \cdot s^{-2}$
Induktivität	H	(Henry)	$1\,H = 1\,Wb \cdot A^{-1} = 1\,kg \cdot m^2 \cdot A^{-2} \cdot s^{-2}$
Aktivität	Bq	(Becquerel)	$1\,Bq = 1\,s^{-1}$
Energiedosis	Gy	(Gray)	$1\,Gy = 1\,J \cdot kg^{-1}$
Äquivalentdosis	Sv	(Sievert)	$1\,Sv = 1\,J \cdot kg^{-1}$

Nicht zulässige Einheiten

Größenart	Einheit	Zusammenhang	Größenart	Einheit	Zusammenhang
Länge	Ångström	$1\,\text{Å} = 10^{-10}\,\text{m}$	Temperatur	Grad	$1\,\text{grd} = 1\,\text{K}$
Kraft	Kilopond	$1\,\text{kp} = 9{,}806\,65\,\text{N}$	Leistung	PS	$1\,\text{PS} = 75\,\text{kp} \cdot \text{m} \cdot \text{s}^{-1}$
	Dyn	$1\,\text{dyn} = 10^{-5}\,\text{N}$	magnetischer Fluss	Maxwell	$1\,\text{M} = 10^{-8}\,\text{Wb}$
Druck	Atmosphäre	$1\,\text{at} = 98\,066{,}5\,\text{Pa}$	magnetische Flussdichte	Gauß	$1\,\text{G} = 10^{-4}\,\text{T}$
	Torr	$1\,\text{Torr} = \frac{101325}{760}\,\text{Pa}$	magnetische Feldstärke	Oerstedt	$1\,\text{Oe} = 79{,}577\,\text{A} \cdot \text{m}^{-1}$
	mm Quecksilbersäule	$1\,\text{mm Hg} = 1\,\text{Torr}$	Leuchtdichte	Stilb	$1\,\text{sb} = 10^{4}\,\text{cd} \cdot \text{m}^{-2}$
	mm Wassersäule	$1\,\text{mm WS} = 9{,}81\,\text{Pa}$	Aktivität	Curie	$1\,\text{Ci} = 3{,}7 \cdot 10^{10}\,\text{s}^{-1}$
Energie, Arbeit, Wärme	Kalorie	$1\,\text{cal} = 4{,}1868\,\text{J}$		Rutherford	$1\,\text{rd} = 10^{6}\,\text{s}^{-1}$
	Kilokalorie	$1\,\text{kcal} = 4{,}1868\,\text{kJ}$	Energiedosis	Rad	$1\,\text{rd} = 0{,}01\,\text{J} \cdot \text{kg}^{-1}$
	Kilopondmeter	$1\,\text{kp} \cdot \text{m} = 9{,}806\,65\,\text{J}$	Äquivalentdosis	Rem	$1\,\text{rem} = 0{,}01\,\text{J} \cdot \text{kg}^{-1}$
	Erg	$1\,\text{erg} = 10^{-7}\,\text{J}$	Ionendosis	Röntgen	$1\,\text{R} = 2{,}6 \cdot 10^{-4}\,\text{C} \cdot \text{kg}^{-1}$

Spezielle Einheiten und ausländische Einheiten außerhalb des SI

1 geografische Meile	7420 m	**1 inch (in)**	2,54 cm (1 Zoll)	
1 Seemeile (sm)	1852 m	**1 foot (ft)**	30,48 cm	
1 Knoten (kn) = 1 sm · h^{-1}		**1 yard (yd) = 3 ft**	91,44 cm	
1 Faden	1,829 m	**1 mile (mi)**	1609 m	
1 Ar (a)	100 m^2	**1 acre (ac)**	4047 m^2	
1 Hektar (ha) = 100 a	10^4 m^2	**1 ounce (oz)**	28,35 g	
1 Liter (l)	1000 cm^3 = 1 dm^3	**1 pound (lb) = 16 oz**	453,6 g	
1 Hektoliter (hl)	100 l = 0,1 m^{-3}	**1 quart (qu) = 28 lbs**	12,70 kg	
1 Festmeter (fm)	1 m^3	**1 short ton = 2000 lbs**	907,2 kg	
1 Bruttoregistertonne (BRT)	2,831 685 m^3	**1 long ton = 2240 lbs**	1016 kg	
1 Karat (ct)	0,2051 g	**1 °Fahrenheit (°F)**	$\frac{5}{9}$ °C allgemein: x °C = $(\frac{9}{5}x + 32)$ °F	
1 Dioptrie (dpt)	1 m^{-1}		**englisch**	**amerikanisch**
1 Lumen (lm)	1 cd sr	**1 pint (liq. pt)**	0,5683 l	0,4732 l
1 Lux (lx)	1 lm m^{-2}	**1 gallon (gal)**	4,5461 l	3,7854 l
1 Siemens (S)	1 Ω^{-1}	**1 petroleum barrel (bbl)**	159,758 l	158,987 l

Vorsilben für dezimale Vielfache und Teile von Einheiten

Vorsilbe	Exa (E)	Peta (P)	Tera (T)	Giga (G)	Mega (M)	Kilo (k)	Hekto (h)	Deka (da)
bedeutet	10^{18}	10^{15}	10^{12}	10^{9}	10^{6}	10^{3}	10^{2}	10^{1}
Vorsilbe	**Dezi (d)**	**Zenti (c)**	**Milli (m)**	**Mikro (µ)**	**Nano (n)**	**Piko (p)**	**Femto (f)**	**Atto (a)**
bedeutet	10^{-1}	10^{-2}	10^{-3}	10^{-6}	10^{-9}	10^{-12}	10^{-15}	10^{-18}

Winkeleinheiten[1]

Ebener Winkel		rad (Radiant)	° (Grad)	gon (Gon)	Raumwinkel
1 rad = 1 m/m	=	1	57,296	63,662	sr (*Steradiant*) 1 sr = 1 m²/m²
1° = 60′ = 3600″	=	$\frac{\pi}{180}$ = 0,0174533	1	1,111	Vollkugel = 4π sr
1 gon	=	$\frac{\pi}{200}$ = 0,015708	0,900	1	Halbkugel = 2π sr

[1] Die Einheit 1 Grad darf nicht mit den Vorsilben für Vielfache oder Teile verwendet werden, sondern nur mit 10er-Potenzen als Vielfache.

Zeiteinheiten[1]

	s (Sekunde)	min (Minute)	h (Stunde)	d (Tag)	a (Jahr)
1 s =	1	$1{,}667 \cdot 10^{-2}$	$2{,}778 \cdot 10^{-4}$	$1{,}157 \cdot 10^{-5}$	$3{,}171 \cdot 10^{-8}$
1 min =	60	1	$1{,}667 \cdot 10^{-2}$	$6{,}944 \cdot 10^{-4}$	$1{,}903 \cdot 10^{-6}$
1 h =	3600	60	1	$4{,}167 \cdot 10^{-2}$	$1{,}142 \cdot 10^{-4}$
1 d =	86400	1440	24	1	$2{,}740 \cdot 10^{-3}$
1 a =	$3{,}1536 \cdot 10^{7}$	$5{,}256 \cdot 10^{5}$	8760	365	1

[1] Außer der Einheit 1 Sekunde dürfen die anderen Zeiteinheiten nicht mit den Vorsilben für Teile bzw. Vielfache verwendet werden, sondern nur mit Zehnerpotenzen als Vielfache.

Krafteinheiten[1]

	N	cN	kN	MN
1 N =	1	100	0,001	$1 \cdot 10^{-6}$
1 cN =	0,01	1	$1 \cdot 10^{-5}$	$1 \cdot 10^{-8}$
1 kN =	1000	$1 \cdot 10^{5}$	1	0,001
1 MN =	$1 \cdot 10^{6}$	$1 \cdot 10^{8}$	1000	1
1 kp ≈	9,81 N		1 p ≈	10 mN

[1] 1 kp (Kilopond) = 9,80665 N, 1 p (Pond) = 0,00981 N sind alte, nicht mehr zu verwendende Einheiten.

Druckeinheiten[1]

	Pa	MPa	bar	mbar	at	atm	Torr
1 Pa =	1	$1 \cdot 10^{-6}$	$1 \cdot 10^{-5}$	0,001	$1{,}02 \cdot 10^{-5}$	$9{,}87 \cdot 10^{-6}$	0,0075
1 MPa =	$1 \cdot 10^{6}$	1	10	$1 \cdot 10^{4}$	10,2	9,87	7500,6
1 bar =	$1 \cdot 10^{5}$	0,1	1	1000	1,02	0,987	750
1 mbar =	100	$1 \cdot 10^{-4}$	0,001	1	$1{,}02 \cdot 10^{-5}$	$9{,}87 \cdot 10^{-4}$	0,75
1 at =	98066,5	0,0981	0,981	981	1	0,968	735,5
1 atm =	101325	0,1013	1,013	1013	1,0333	1	760
1 Torr =	133	$1{,}33 \cdot 10^{-4}$	$1{,}33 \cdot 10^{-3}$	1,33	0,00136	0,00132	1

[1] Die Einheiten 1 at = technische Atmosphäre, 1 atm = physikalische Atmosphäre und 1 Torr = 1 mmHg sind nicht mehr zu verwenden.

Energieeinheiten[1]

	J	kJ	kWh	MeV	kcal
1 J =	1	0,001	$2{,}78 \cdot 10^{-7}$	$6{,}241 \cdot 10^{12}$	$2{,}39 \cdot 10^{-4}$
1 kJ =	1000	1	$2{,}78 \cdot 10^{-4}$	$6{,}241 \cdot 10^{15}$	0,293
1 kWh =	$3{,}6 \cdot 10^{6}$	3600	1	$2{,}25 \cdot 10^{19}$	860
1 MeV =	$1{,}602 \cdot 10^{-13}$	$1{,}602 \cdot 10^{-16}$	$4{,}45 \cdot 10^{-20}$	1	$3{,}38 \cdot 10^{-17}$
1 kcal =	4186,8	4,1868	0,001163	$2{,}61 \cdot 10^{16}$	1

[1] Die Einheit 1 kcal (Kilokalorie) ist veraltet.

Leistungseinheiten[1]

	W	kW	PS
1 W =	1	0,001	0,00136
1 kW =	0174533	1	1,36
1 PS =	736	0,736	1

[1] Die Einheit 1 PS (Pferdestärke) ist veraltet.

Griechisches Alphabet

Alpha	α A	**Epsilon**	ε E	**Iota**	ι I	**Ny**	ν N	**Rho**	ϱ P	**Phi**	φ Φ
Beta	β B	**Zeta**	ζ Z	**Kappa**	ϰ K	**Xi**	ξ Ξ	**Sigma**	σ Σ	**Chi**	χ X
Gamma	γ Γ	**Eta**	η H	**Lambda**	λ Λ	**Omikron**	o O	**Tau**	τ T	**psi**	ψ Ψ
Delta	δ Δ	**Theta**	ϑ Θ	**My**	µ M	**Pi**	π Π	**Ypsilon**	υ Y	**Omega**	ω Ω

Naturkonstanten und Normwerte

Lichtgeschwindigkeit im Vakuum	$c_0 = 2{,}997\,924\,58 \cdot 10^8\ \frac{\text{m}}{\text{s}}$	atomare Masseneinheit [amu]	$1\,\text{u} = 1{,}660\,538\,782 \cdot 10^{-27}\,\text{kg}$ $= 931{,}494\,028\ \text{MeV}/c^2$
Gravitationskonstante	$\gamma = 6{,}674\,28 \cdot 10^{-11}\ \frac{\text{m}^3}{\text{kg} \cdot \text{s}^2}$	Elektron(en)volt	$1\,\text{eV} = 1{,}602\,176\,487 \cdot 10^{-19}\,\text{J}$
Elementarladung	$e = 1{,}602\,176\,487 \cdot 10^{-19}\,\text{C}$	Ruhemasse des Elektrons	$m_e = 9{,}109\,382\,15 \cdot 10^{-31}\,\text{kg}$ $= 0{,}510\,998\,910\ \text{MeV}/c^2$
elektrische Feldkonstante	$\varepsilon_0 = 8{,}854\,187\,817 \cdot 10^{-12}\ \frac{\text{C}}{\text{V} \cdot \text{m}}$	spezifische Ladung des Elektrons	$\frac{e}{m_e} = 1{,}758\,820\,150 \cdot 10^{11}\ \frac{\text{C}}{\text{kg}}$
magnetische Feldkonstante[1]	$\mu_0 = 1{,}256\,637\,0614 \cdot 10^{-6}\ \frac{\text{V} \cdot \text{s}}{\text{A} \cdot \text{m}}$	Ruhemasse des Protons	$m_p = 1{,}672\,621\,637 \cdot 10^{-27}\,\text{kg}$ $= 938{,}272\,013\ \text{MeV}/c^2$
Faraday'sche Konstante	$F = 9{,}648\,533\,99 \cdot 10^4\ \frac{\text{C}}{\text{mol}}$	Massenverhältnis Proton:Elektron	$\frac{m_p}{m_e} = 1836{,}152\,7673$
absoluter Nullpunkt ($T = 0\,\text{K}$)	$\vartheta = -273{,}15\,°\text{C}$	Ruhemasse des Neutrons	$m_n = 1{,}674\,927\,211 \cdot 10^{-27}\,\text{kg}$ $= 939{,}565\,346\ \text{MeV}/c^2$
allgemeine Gaskonstante	$R = 8{,}314\,472\ \frac{\text{J}}{\text{K} \cdot \text{mol}}$	Ruhemasse des H-Atoms	$m_H = 1{,}673\,534 \cdot 10^{-27}\,\text{kg}$
Boltzmann-Konstante	$k = 1{,}380\,650\,4 \cdot 10^{-23}\ \frac{\text{J}}{\text{K}}$	magn. Moment des Elektrons	$\mu_e = -9{,}284\,770\,1 \cdot 10^{-24}\ \frac{\text{J}}{\text{T}}$
Stefan-Boltzmann-Konstante	$\sigma = 5{,}670\,400 \cdot 10^{-8}\ \frac{\text{W}}{\text{m}^2 \cdot \text{K}^4}$	magn. Moment des Protons	$\mu_p = 1{,}410\,607\,61 \cdot 10^{-26}\ \frac{\text{J}}{\text{T}}$
Avogadro-Konstante	$N_A = 6{,}022\,141\,79 \cdot 10^{23}\ \frac{1}{\text{mol}}$	Feinstruktur-Konstante	$\alpha = \frac{1}{137{,}035\,989\,1}$
Planck'sches Wirkungsquantum	$h = 6{,}626\,068\,96 \cdot 10^{-34}\ \text{J} \cdot \text{s}$ $= 4{,}135\,667\,33 \cdot 10^{-15}\,\text{eV} \cdot \text{s}$	Hubble-Konstante[2] (Fluchtgeschwindigkeit $v = H_0 \cdot r$ von Galaxien je Mpc Entfernung r)	$H_0 = 74{,}2\ \frac{\text{km}}{\text{s} \cdot \text{Mpc}}$
Comptonwellenlänge des Elektrons	$\lambda_C = 2{,}426\,310\,238 \cdot 10^{-12}\,\text{m}$	Normfallbeschleunigung	$g_0 = 9{,}806\,65\ \frac{\text{m}}{\text{s}^2}$
Solarkonstante oberhalb Lufthülle	$S = 1{,}367 \cdot 10^3\ \frac{\text{W}}{\text{m}^2}$	Normdruck	$p_0 = 101\,325\,\text{Pa} = 1013{,}25\,\text{hPa}$
Wien'sche Konstante	$a = 2{,}897\,768\,5 \cdot 10^{-3}\,\text{m} \cdot \text{K}$	Normtemperatur	$\vartheta = 0\,°\text{C}$ bzw. $T = 273{,}15\,\text{K}$
Rydberg-Konstante	$R_\infty = 1{,}097\,373\,165\,68 \cdot 10^7\ \frac{1}{\text{m}}$	Molares Normvolumen idealer Gase	$V_{m0} = 22{,}413\,83\ \frac{\text{dm}^3}{\text{mol}}$
Rydberg-Frequenz für H-Atom	$R_H = 3{,}289\,841\,960\,361 \cdot 10^{15}\ \frac{1}{\text{s}}$	Tripelpunkt des Wassers	$T = 273{,}16\,\text{K}$

[1] per Definition $\mu_0 = 4\pi \cdot 10^{-7}\,\text{V} \cdot \text{s} \cdot \text{A}^{-1} \cdot \text{m}^{-1}$, mit Rückwirkung auf die Festlegung für 1 A und ε_0;
[2] Kehrwert von H_0, die Hubble-Zeit, ergibt ein Alter für das Weltall (≈ 13,7 Mrd. Jahre).

Analogien zwischen fortschreitender Bewegung und Drehbewegung (vgl. ► S. 6–8)

Geradlinige Bewegung (Translation)				Drehbewegung um eine feste Achse (Rotation)		
Weg	s	m	$s = r \cdot \varphi$	Winkel	φ	rad
Geschwindigkeit	$v = \frac{\Delta s}{\Delta t}$	$\mathrm{m\,s^{-1}}$	$v = r \cdot \omega$	Winkelgeschwindigkeit	$\omega = \frac{\Delta \varphi}{\Delta t}$	$\mathrm{rad\,s^{-1}}$
Beschleunigung	$a = \frac{\Delta v}{\Delta t}$	$\mathrm{m\,s^{-2}}$	$a = r \cdot \alpha$	Winkelbeschleunigung	$\alpha = \frac{\Delta \omega}{\Delta t}$	$\mathrm{rad\,s^{-2}}$
Masse	$m = \sum_i m_i$	kg		Trägheitsmoment	$J = \sum_i m_i \cdot r_i^2$	$\mathrm{kg\,m^2}$
Kraft	$F = m \cdot a$	N	$F \cdot r = M$	Drehmoment	$M = J \cdot \alpha$	Nm
Translationsenergie	$E_{trans} = \frac{1}{2} m \cdot v^2$	Nm		Rotationsenergie	$E_{rot} = \frac{1}{2} J \cdot \omega^2$	Nm
Impuls	$p = m \cdot v$	Ns		Drehimpuls	$L = J \cdot \omega$	Nms
Impulsänderung	$\frac{\Delta p}{\Delta t} = F$	N		Drehimpulsänderung	$\frac{\Delta L}{\Delta t} = M$	Nm
Impulserhaltungssatz	$\sum_i m_i \cdot v_i$ = konst. für $F = 0$			Drehimpulserhaltungssatz	$\sum_i J_i \cdot \omega_i$ = konst. für $M = 0$	

Analogie zwischen mechanischen und elektromagnetischen Schwingungen (vgl. ► S. 24–26)

	Federpendel	Schwingkreis
Verschiedene Phänomenbereiche zeigen ähnliche Abläufe.		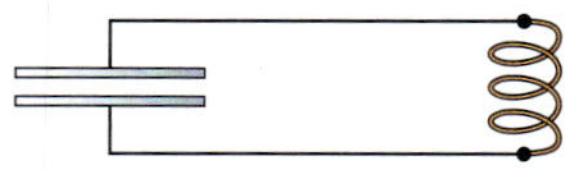
Eine Ähnlichkeit lässt sich auch in der mathematischen Beschreibung der wirkenden Größen feststellen.	**Art der Energieumsetzung**	
	Periodisch zwischen Spannenergie und kinetischer Energie	Periodisch zwischen elektrischer und magnetischer Energie
	Energiespeicher	
	– Elastisch verformte Feder – Bewegter Pendelkörper	– Elektrisches Feld im Kondensator – Magnetisches Feld in Spule
	Dauer einer Periode der Schwingungen	
	$T = 2\pi \cdot \sqrt{\frac{m}{D}}$	$T = 2\pi \cdot \sqrt{L \cdot C}$
	Ursache für gedämpfte Schwingungen	
	Umsetzung mechanischer Energie in innere Energie durch Reibung	Umsetzung elektromagnetischer Energie in innere Energie durch Ohm'schen Widerstand
Strukturgleichheiten in unterschiedlichen Bereichen sichern die Annahmen einer Theorie.	**Schwingungsgleichung**	
	$(m/D) \cdot \ddot{s} + s = 0$ mit Lösung: $s(t) = s_M \cdot \sin(\omega t)$ $v(t) = v_M \cdot \cos(\omega t)$ $a(t) = -a_M \cdot \sin(\omega t)$	$(L \cdot C) \cdot \ddot{Q} + Q = 0$ mit Lösung: $Q(t) = \hat{Q} \cdot \sin(\omega t) = C \cdot U(t)$ $I(t) = \hat{I} \cdot \cos(\omega t)$

Register

Bildquellenverzeichnis

Umschlag, U1: normal Industriedesign Becker, Schwäbisch Gmünd;
U4: Tetra Images/Tetra Images/Corbis;

1.1 ESA/ESOC, Darmstadt; – 1.2 Okapia (NAS/Chris Bjornberg), Frankfurt; – 1.3 Klett-Archiv, Stuttgart; – 1.4 Avenue Images GmbH (Digital Vision), Hamburg; – 1.5 Avenue Images GmbH, Hamburg; – 2.6 Okapia (Fotofinder), Frankfurt; – 2.7 Focus (Juergen Berger/SPL), Hamburg; – 2.8 Focus (Fotofinder / Russell), Hamburg; – 2.9 Okapia, Frankfurt; – 54.1 Astrofoto (Kohle), Sörth; – 54.2, 3, 5, 6, 7, 8, 9 Astrofoto (NASA), Sörth; – 54.4 Astrofoto, Sörth; – 54.10 Astrofoto (SOHO/EIT/NASA) Sörth; – 54.11 Astrofoto (Koch) Sörth – 62.1 GFZ, Potsdam.